KB085713

틈만 나면 보고 싶은
융합 과학 이야기

극지를 체험하다!

틈만 나면 보고 싶은 융합 과학 이야기

극지를 체험하다!

초판 1쇄 인쇄 2016년 8월 12일
초판 1쇄 발행 2016년 8월 22일

글 윤상석 | **그림** 오성봉 | **감수** 구본철

펴낸이 김기호 | **편집본부장** 최재혁 | **편집장** 최은주 | **책임편집** 최지연
표지 디자인 김국훈, 정찬진 | **본문 편집 · 디자인** 구름돌
사진 제공 극지연구소, 게티이미지코리아

펴낸곳 동아출판㈜ | **주소** 서울시 영등포구 은행로 30(여의도동)
대표전화(내용 · 구입 · 교환 문의) 1644-0600 | **홈페이지** www.dongapublishing.com
신고번호 제300-1951-4호(1951. 9. 19.)

ISBN 978-89-00-40291-9 74400 978-89-00-37669-2 74400 (세트)

* 이 도서의 국립중앙도서관 출판사도서목록(CIP)은 e-CIP 홈페이지(http://www.nl.go.kr)에서 이용하실 수 있습니다.

* 잘못된 책은 바꾸어 드립니다.
* 책값은 뒤표지에 있습니다.

틈만 나면 보고 싶은

융합 과학 이야기

극지를 체험하다!

글 윤상석 그림 오성봉

감수 구본철(전 KAIST 교수)

동아출판

추천의 말

미래 인재는 창의 융합 인재

이 책을 읽다 보니, 내가 어렸을 때 에디슨의 발명 이야기를 읽던 기억이 납니다. 그때 나는 에디슨이 달걀을 품은 이야기를 읽으면서 병아리를 부화시킬 수 있을 것 같다는 생각도 해 보았고, 에디슨이 발명한 축음기 사진을 보면서 멋진 공연을 하는 노래 요정들을 만나는 상상을 하기도 했습니다. 그러다가 직접 시계와 라디오를 분해하다 망가뜨려서 결국은 수리를 맡긴 일도 있었습니다.

지금 와서 생각해 보면 어린 시절의 경험과 생각들은 내 미래를 꿈꾸게 해 주었고, 지금의 나로 성장하게 해 주었습니다. 그래서 나는 어린 학생들을 만나면 행복한 것을 상상하고, 미래에 대한 꿈을 갖고, 꿈을 향해 열심히 도전하고, 상상한 미래를 꼭 실천해 보라고 이야기합니다.

어린이 여러분의 꿈은 무엇인가요? 여러분이 주인공이 될 미래는 어떤 세상일까요? 미래는 과학기술이 더욱 발전해서 지금보다 더 편리하고 신기한 것도 많아지겠지만, 우리들이 함께 해결해야 할 문제들도 많아질 것입니다. 그래서 과학을 단순히 지식으로만 이해하는 것이 아니라, 세상을 아름답고 편리하게 만들기 위해 여러 관점에서 바라보고 창의적으로 접근하는 융합적인 사고가 중요합니다. 나는 여러분이 즐겁고 풍요로운 미래 세상을 열어 주는, 훌륭한 사람이 될 것이라고 믿습니다.

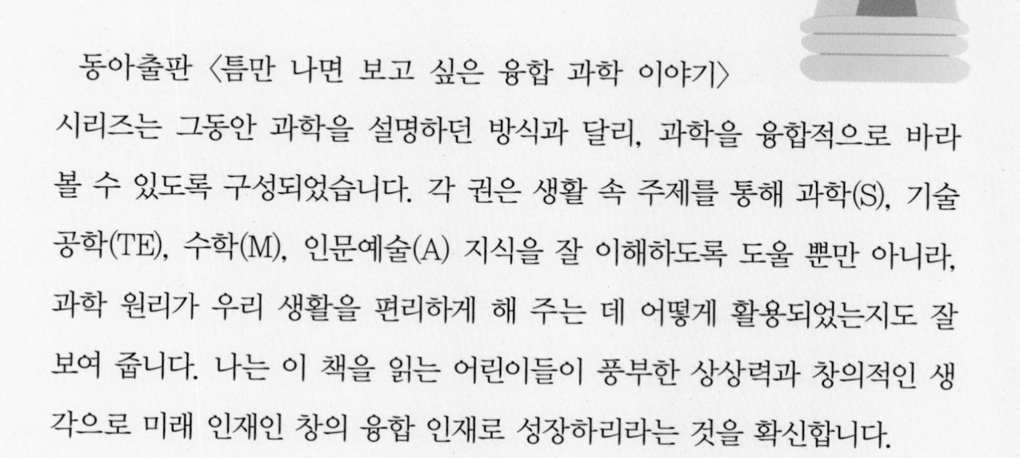

동아출판 〈틈만 나면 보고 싶은 융합 과학 이야기〉 시리즈는 그동안 과학을 설명하던 방식과 달리, 과학을 융합적으로 바라볼 수 있도록 구성되었습니다. 각 권은 생활 속 주제를 통해 과학(S), 기술공학(TE), 수학(M), 인문예술(A) 지식을 잘 이해하도록 도울 뿐만 아니라, 과학 원리가 우리 생활을 편리하게 해 주는 데 어떻게 활용되었는지도 잘 보여 줍니다. 나는 이 책을 읽는 어린이들이 풍부한 상상력과 창의적인 생각으로 미래 인재인 창의 융합 인재로 성장하리라는 것을 확신합니다.

전 카이스트 문화기술대학원 교수 구본철

작가의 말

흥미롭고 신기한 남극과 북극 이야기

남극과 북극은 어떤 곳일까요? 냉동고 안처럼 모든 것들이 꽁꽁 얼어붙는 매서운 영하의 날씨와 땅과 바다를 뒤덮은 하얀 눈과 얼음, 먹이를 찾아 어슬렁거리는 북극곰과 뒤뚱뒤뚱 걷는 남극의 펭귄만을 생각했나요?

그렇지 않답니다. 남극과 북극에는 정말 신기하고 놀라운 것들이 굉장히 많이 있어요. 여름밤에는 해가 지지 않고, 겨울의 낮에는 해가 뜨지 않으며, 겨울 밤하늘에서는 마치 커튼을 드리운 것처럼 펼쳐지는 신기한 오로라를 볼 수 있지요.

남극과 북극의 빙하 두께는 우리가 상상하는 것보다 훨씬 두껍답니다. 어느 정도냐면 어떤 빙하의 두께는 백두산의 높이보다 훨씬 더 두껍기도 해요. 이렇게 두꺼운 빙하의 무게 때문에 남극 대륙의 땅은 실제 높이보다 300m나 꺼져 있다니 놀랍지 않나요?

남극과 북극은 이렇게 신비롭고 흥미로운 곳이지만 우리들이 찾아가기에는 무척 멀고 힘든 곳이에요. 그런데 이번에 초등학생 극지 연구 체험단 대표로 뽑힌 예담이와 은별이가 남극 세종 과학 기지를 방문한대요. 이 친구들을 쫓아가서 남극도 체험해 보고, 국진 아저씨가 남극에 대해서 들려주는 이야기도 들어 보기로 해요. 국진 아저씨는 남극과 북극의 모습과 그곳

에서 살아가는 생물들, 남극과 북극을 찾은 사람들, 첨단 기술의 발전 등 하고 싶은 말이 너무나 많다고 합니다.

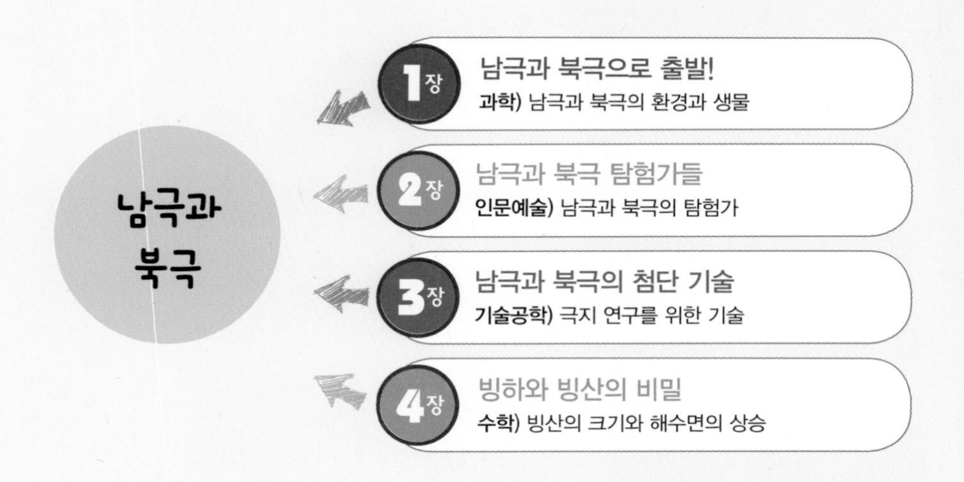

또 남극 세종 과학 기지 옆, 해변에는 말하는 펭귄 '팽구'가 산대요. 팽구는 남극에 대해서 모르는 것이 없을 정도로 아주 똑똑해요. 과연 팽구의 정체는 무엇일까요? 예담이와 은별이, 국진 아저씨, 팽구가 풀어 놓는 남극 이야기도 들어 보고 팽구의 비밀도 파헤쳐 보아요.

윤상석

차례

1장 남극과 북극으로 출발!

2장 남극과 북극 탐험가들

3장 남극과 북극의 첨단 기술

4장 빙하와 빙산의 비밀

남극과 북극으로 출발!

남극은 도대체 어디에 있을까?

칠레 푼타아레나스 공항에서 비행기를 갈아탄 예담이와 은별이는 너무 지쳐 있었어요. 둘은 초등학생 극지 연구 체험단 대표로 뽑혀 남극 세종 과학 기지로 가는 중이었지요. 그런데 예담이는 남극으로 가는 길에 체험단 대표가 된 걸 여러 번 후회했어요. 비행기를 너무 오래 타서 허리가 끊어질 지경이었거든요. 인상을 찌푸리며 주먹으로 허리를 두드리는 은별이도 마찬가지였지요.

"남극은 도대체 어디 있는 거예요?"

성격이 급한 은별이는 자신들을 인솔하는 남극 세종 과학 기지 연구원인 국진 아저씨에게 따지듯 물었어요. 그런데 국진 아저씨는 갑자기 휴대 전화를 꺼내 예담이와 은별이에게 지구본 사진을 보여 주었어요.

"지구본을 자세히 봐. 가로와 세로로 선들이 있지. 이 선들은 지구 위에 실제로 있는 선이 아니라 지도에서 세계 여러 곳의 위치를 정확하게 나타내기 위해 사람들이 가상으로 만든 선이야. 가로선은 위도이고, 세로선은 경도라고 해."

은별이는 잔뜩 골이 나서 말했어요.

"아저씨! 남극이 어디 있냐고 물었잖아요."

국진 아저씨는 연구원이 되기 전에 학교에서 학생들을 가르치던 선생님이었어요. 그래서 뭐든지 가르쳐 주기를 좋아하고, 가르칠 때도 기초부터 차근차근 가르쳐 주려고 하지요.

"내 설명을 끝까지 들어 봐. 내 설명을 들어야 남극이 정확히 어디에 있는지 알 수 있어."

아저씨의 말에 어쩔 수 없이 둘은 **입을 꾹 다물고** 설명을 들었어요.

"지구의 정 가운데에 그어진 가로선을 적도라고 하는데, 이 적도를 기준으로 위도가 시작되기 때문에 이곳의 위도는 0°야. 이 적도를 기준으로 북쪽이나 남쪽으로 갈수록 위도가 올라가. 북쪽으로 가면 북위, 남쪽으로 가면 남위라고 해. 적도에서 북쪽으로 가장 멀리 떨어진 곳은 북위 90°인데, 이곳이 바로 지구의 북쪽 끝인 북극점이야. 반대로 적도에서 남쪽으로 가장 멀리 떨어진 곳은 남위 90°인데, 이곳이 지구의 남쪽 끝인 남극점이지."

"그럼 남극점이 있는 곳이 남극이에요?"

"그래, 남극점을 포함해 남위 66.5°보다 남쪽에 있는 지역이 바로 남극이야. 남극은 얼음으로 뒤덮여 있고 대륙들 중에서 가장 작은 오스트레일리아보다 두 배나 크지. 남극점은 이 대륙의 한가운데에 있단다."

"그럼 북극도 북극점 주변이겠네요?"

예담이는 은별이의 **눈치를 보면서** 국진 아저씨한테 물었어요. 사실 예담이는 북극에 더 관심이 많았어요. 초등학생 극지 연구 체험단에 지원한 이유도 북극에 가 보고 싶어서였지요. 체험단이 남극으로 가게 되어 어쩔 수 없이 남극에 왔지만 마음은 여전히 북극을 향해 있었어요. 예담이는 이곳으로 오는 비행기 안에서도 북극 이야기만 했어요. 은별이는 이런 예담이가 **마음에 들지 않았지요.** 예담이와 반대로 은별이는 남극에 더 관심이 있었거든요.

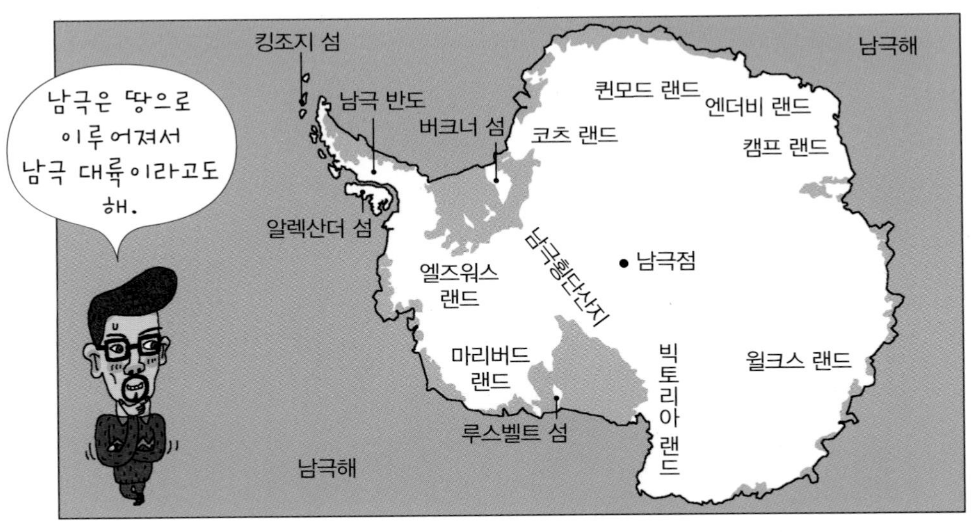

남극
남극점을 포함한 남쪽에 있는 지역을 남극이라고 한다.

"북극도 남극과 마찬가지로 북극점을 포함해 북위 66.5°보다 북쪽에 있는 지역을 말해. 북극해와 북극해를 둘러싼 러시아의 시베리아, 북유럽의 노르웨이, 스웨덴, 핀란드, 캐나다의 북부, 미국의 알래스카, 그린란드, 아이슬란드의 일부를 포함한 넓은 지역이지. 그런데 북극은 남극과 달리 대부분 땅이 아니라 꽁꽁 언 바다야. 북극 한가운데 북극해라는 넓은 바다가 있거든. 북극점도 북극해 한가운데에 있지."

국진 아저씨는 대답을 마치고 시계를 보더니 말했어요.

"이제 곧 남극에 도착해. 여러 번 비행기를 갈아타느라 고생했지?"

"와, 드디어 남극에 도착하는구나!"

예담이와 은별이는 환호했어요.

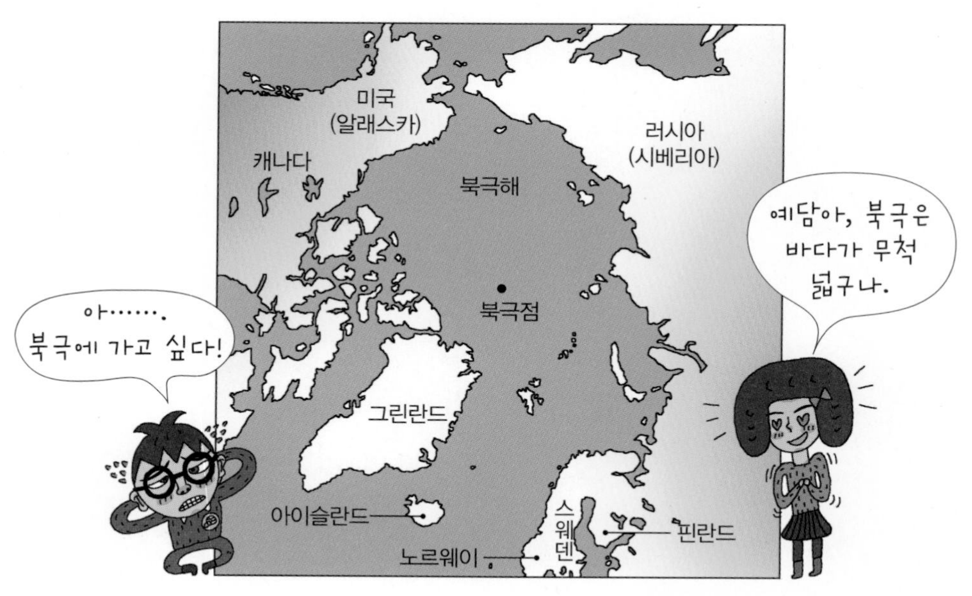

북극
북극점을 포함한 북쪽에 있는 지역을 북극이라고 한다.

남극 하늘을 날다

비행기가 두 시간 만에 드디어 세종 과학 기지가 있는 남극 킹조지 섬 상공으로 들어섰어요. 비행기 창밖으로 드넓은 빙하가 보였지요.

"와, 빙하다, 빙하! 정말 빙하가 끝없이 펼쳐졌어!"

국진 아저씨도 고개를 내밀어 창밖을 보았어요.

"이건 별거 아니야. 남극에는 어마어마한 빙하가 있어."

"남극의 빙하가 얼마나 큰데요?"

"남극은 대륙이라고 했지? 이 남극 대륙은 한반도의 약 60배나 될 정도로 넓은데, 98%가 두꺼운 빙하로 뒤덮여 있어. 빙하의 평균 두께는 약 2,160m이고, 가장 두꺼운 곳은 무려 4,800m에 이를 정도야."

"우와, 그러면 백두산보다 훨씬 더 높네요?"

예담이와 은별이는 입을 다물지 못했어요.

"그래, 이렇게 두꺼운 빙하 덕분에 남극은 평균 해발 고도가 2,100~2,400m로 지구에 있는 대륙 가운데 가장 높아. 또, 이 빙하의 무게가 굉장히 무거워서 남극의 땅 높이가 실제 높이보다 300m나

낮아졌다고 해."

"이렇게 거대한 남극의 빙하는 어떻게 생긴 거예요?"

은별이는 두 눈을 동그랗게 뜨고 국진 아저씨에게 물었어요.

"빙하는 눈이 녹지 않고 쌓여서 생기는 거야. 눈이 녹지 않고 계속 쌓이면 예전에 내렸던 눈은 점점 밑으로 내려가서 깊은 곳에 묻혀. 그리고 그 위로 또 엄청나게 눈이 쌓이면 그 무게에 눌려서 딱딱한 얼음덩어리가 되지. 이 얼음덩어리가 바로 빙하야. 빙하는 강물이 높은 곳에서 낮은 곳으로 흐르는 것처럼 높은 곳에서 낮은 곳으로 조금씩 이동해. 남극점에 있는 빙하는 1년에 약 1~5m씩 이동한다고 해."

남극 대륙은 '얼음 나라'라고 불릴 정도로 얼음이 많은데, 전 세계 얼음의 약 90%가 남극에 있다.

남극과 북극은 어떻게 생겼을까?

국진 아저씨는 오랜만에 아이들을 가르치는 것에 신이 났는지 침을 튀겨 가며 말을 이었어요.

"너희들 남극이 어떻게 생겼는지 궁금하지?"

은별이는 기다렸다는 듯이 대답했지요.

"네! 궁금해요!"

"남극은 동쪽과 서쪽의 생김새가 달라. 서쪽에 비해 동쪽이 해발 고도가 높아. 왜냐하면 동쪽에 쌓인 빙하가 서쪽에 쌓인 빙하보다 훨씬 두껍기 때문이야. 그래서 빙하가 많은 동쪽이 서쪽보다 훨씬 기온이 낮단다."

국진 아저씨는 말을 계속 이었어요.

"남극에는 아주 흥미로운 곳이 있는데, 바로 남극의 가장자리에 있는 '드라이 밸리'라는 계곡이야. 이곳은 차가운 바람이 강하게 불어 물과 눈, 얼음이 모두 증발해 버려서 맨땅을 볼 수 있지. 이곳에는 남극에서 보

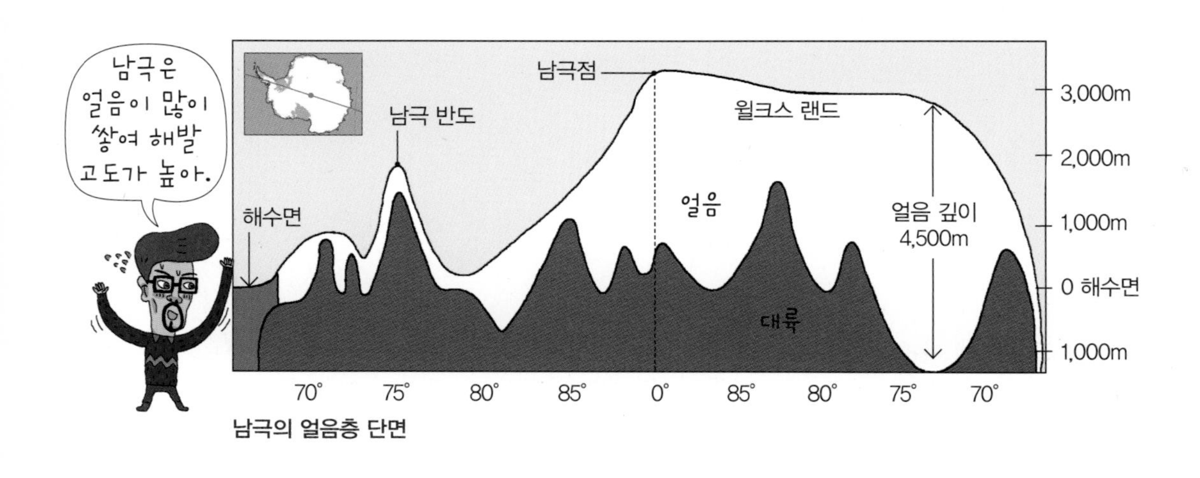

남극의 얼음층 단면

기 힘든 강과 호수가 여러 개 있는데 비교적 덜 추운 여름이 되면 강에서는 얼음이 녹은 물이 잠깐 흘러. 또 호수 중에는 염도가 높아서 영하 50℃에서도 얼지 않는 호수도 있지."

예담이는 신기해하는 은별이의 눈치를 슬쩍 보더니 국진 아저씨를 보고 물었어요.

"아저씨, 북극은 어떻게 생겼어요? 남극과 많이 달라요?"

"북극 한가운데에 있는 북극해는 남극과 마찬가지로 빙하로 뒤덮여 있어. 북극해를 뒤덮은 빙하의 평균 두께는 여름에는 2~3m이고, 겨울에는 5~6m 정도야. 그리고 북극점 부근의 빙하가 가장 두껍지. 또 겨울철에는 얼음으로 뒤덮인 바다의 면적이 늘어나고, 여름철에는 얼음이 녹아서 바다가 드러나."

국진 아저씨는 집중하고 있는 예담이를 보며 계속 말을 이었어요.

"북극에는 세계에서 가장 큰 섬인 그린란드가 있어. 그린란드의 동서 길이는 최대 1,200km나 되지. 이름은 '초록색 대지'라는 뜻이지만 섬은

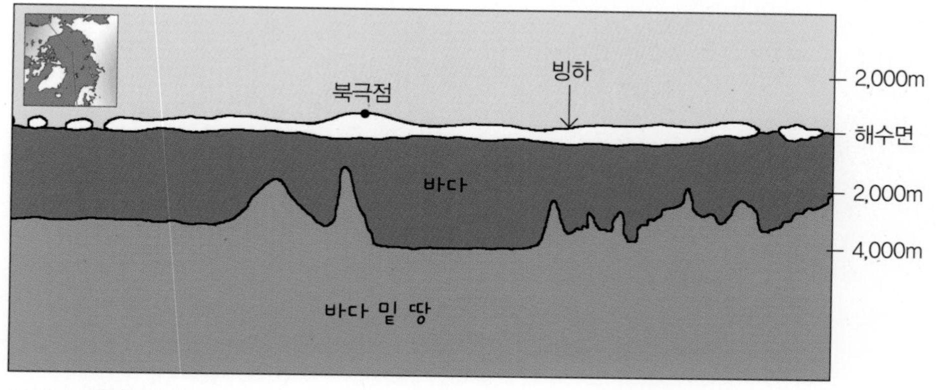

북극의 얼음층 단면

전체 면적의 85%가 빙하로 덮여 있고, 빙하의 평균 두께가 약 1,700m로 아주 두꺼워. 섬 안쪽으로 들어갈수록 빙하의 두께가 두꺼워져서 가장 두꺼운 곳이 약 3,500m에 이른단다."

국진 아저씨가 북극에 대한 설명을 계속하자 예담이는 신이 나서 불쑥 끼어들었어요.

"북극에는 남극처럼 맨땅은 없어요?"

"북극은 북극해와 북극해를 둘러싼 일부 지역이라고 했지? 이 지역은 여름이 되면 땅 위의 빙하가 녹는 곳이 있어. 이런 땅을 '툰드라'라고 해. 툰드라는 대체로 땅이 평평하고 대부분 항상 얼어 있어. 여름철 햇빛 때문에 땅 표면만 잠시 녹는데, 이때 녹은 물이 딱딱하게 얼어 있는 땅속으로 스

북극의 툰드라 지역에서 사는 원주민들은 혹독한 추위와 눈, 얼음으로 뒤덮인 극한 환경 때문에 한곳에서 정착해 살 수 없다. 그래서 순록 떼를 따라 함께 이동하는 유목 생활을 한다. 순록이 목적지에 다다르면 그곳에 천막을 치고 함께 생활하며 순록의 고기와 젖은 식량으로, 가죽은 옷이나 천막 등으로 사용한다.

며들지 못하고 땅 위로만 흘러 강물이나 호수가 되지."

국진 아저씨의 이야기를 듣는 동안 어느새 비행기는 남극의 킹조지 섬 활주로를 향해 고도를 낮췄어요. 예담이는 비행기가 착륙하려 하자 긴장하여 딸꾹질을 했어요. 자신도 모르게 북극 이야기에 빠져 있던 은별이가 예담이를 흘겨보았어요.

"또 딸꾹질이니? 지난번에 비행기가 착륙할 때도 딸꾹질을 하더니."

"응……. 난 긴장하면 늘 이렇게 딸꾹질이 나와."

잠시 후 비행기는 활주로에 착륙했어요.

북극 빙하의 면적

하얗게 표시된 곳이 북극에서 빙하로 뒤덮인 부분인데, 빙하의 크기가 줄어든 것을 볼 수 있다. 이는 지구 온난화로 인해 북극의 빙하가 계속 녹고 있기 때문이다.

2007년 7월 북극 빙하의 면적

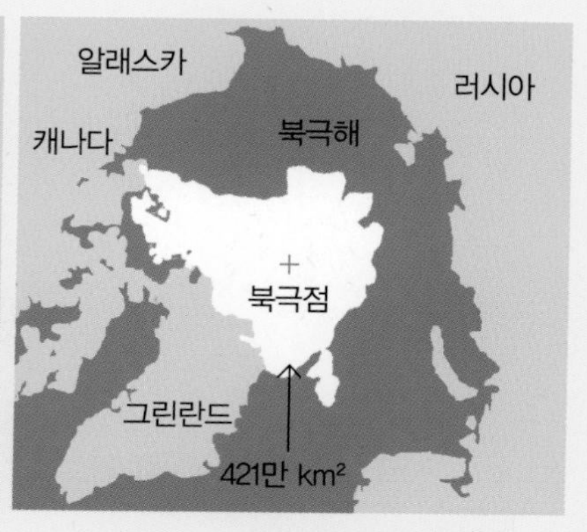

2012년 8월 북극 빙하의 면적

국진 아저씨의 태블릿 노트

빙하의 변신

빙하는 수백 수천 년 동안 쌓인 눈이 얼음덩어리로 변한 것이에요. 이 거대한 얼음덩어리는 스스로의 무게 때문에 해안가로 조금씩 이동하지요. 얼음덩어리 빙하는 서서히 이동하면서 여러 가지 모습으로 변신해요.

빙하

눈이 오랫동안 쌓여 단단한 얼음덩어리가 된 후 중력에 의해 낮은 곳으로 이동하는 두꺼운 얼음덩어리를 빙하라고 해요. 넓은 땅 위를 덮은 빙하는 빙상이라고 불러요.

빙붕

빙하가 점차 해안으로 이동해서 바다를 만나면 빙하의 끝부분이 육지와 바다에 동시에 걸쳐 있게 되어요. 이렇게 대륙과 이어져 바다에 떠 있는 것을 빙붕이라고 해요.

빙산

빙하의 끝자락이나 빙붕에서 엄청나게 큰 얼음덩어리가 떨어져 나가는데,
다양한 모양으로 떨어져 나간 얼음덩어리가 바다 위를 떠다니는 것을 빙산이라고 해요.

부빙

바다에 떠다니는 빙산보다 작은 얼음덩어리를 부빙이라고 해요.
바다 위를 둥둥 떠다니다 날씨가 추우면 서로 엉겨 붙기도 해요.

세상에서 가장 추운 곳, 남극과 북극

국진 아저씨와 아이들은 비행기에서 내렸어요. 예담이는 두꺼운 겉옷 위에 방한복을 겹쳐 입고 모자도 눌러썼지요. 게다가 마스크까지 해서 두 눈만 간신히 보일 정도였어요. 은별이가 한심하다는 듯이 예담이를 보며 말했어요.

"뭐가 춥다고 그렇게 입었어? 난 하나도 안 추운데."

"그래도 남극인데, 당연히 이렇게 입어야지."

먼저 가던 국진 아저씨가 멈춰 서서 고개를 돌렸어요.

"남극은 워낙 넓기 때문에 지역마다 기온의 차이가 커. 여기 킹조지 섬은 남극에서 기온이 그렇게 낮은 편이 아니야. 평균 기온이 영하 1.7℃ 정도야."

그제야 예담이가 모자와 마스크를 벗었어요.

"어? 정말 생각보다 안 춥네."

국진 아저씨는 소리 없이 씩 웃으며 말을 이었어요.

"하지만 남극점은 겨울철 평균 기온이 영하 70℃이고, 여름철 평균 기온

은 영하 37℃야. 지금까지 남극점에서 가장 높았던 기온은 영하 14℃이지."

"정말 대단……. **에, 에취!**"

예담이는 재채기가 나오자 다시 마스크를 하고, 모자를 썼어요.

"생각보다 안 춥다고 해도 역시 남극이야. 그사이에 감기에 걸렸나 봐요."

국진 아저씨는 뭐가 재미있는지 껄껄 웃으며 말했어요.

"날씨가 아무리 추워도 남극에서는 감기에 걸리지 않아. 남극의 날씨가 너무 추워서 감기 바이러스가 살 수 없기 때문이야."

예담이는 머쓱하여 머리를 긁적이며 말했어요.

"그런데 남극이나 북극은 왜 이렇게 추운 거예요?"

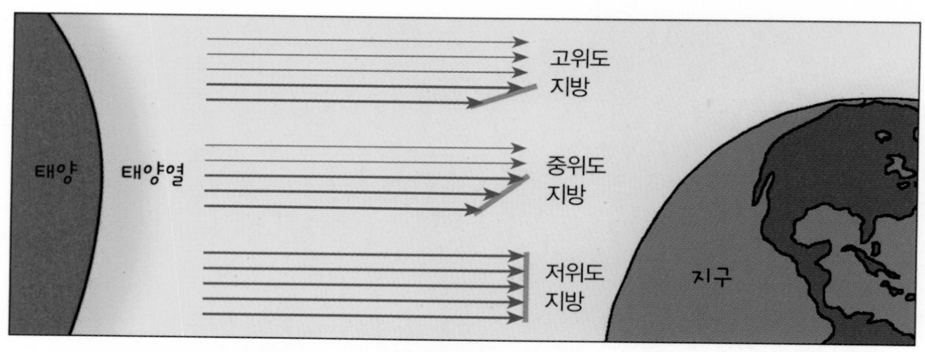

남극과 북극은 고위도에 위치하고 있어서 태양열을 적게 받는다.

"남극과 북극이 추운 이유는 태양의 고도 때문이야. 태양의 고도는 태양과 지평면이 이루는 각을 말하는데, 태양의 고도가 다르면 같은 면적이라도 받는 빛의 양이 달라. 남극과 북극은 고위도에 있기 때문에 태양의 고도가 낮아 태양이 비스듬하게 비추어 태양열이 넓은 지역으로 퍼져. 결국 남극과 북극에 전달되는 태양열이 적기 때문에 그만큼 추운 거야."

"북극의 기온도 남극과 비슷해요?"

예담이의 말에 국진 아저씨가 대답했어요.

"북극의 기온도 만만찮게 추워. 지금까지 북극에서 가장 낮은 기온은 영하 67.5℃였고, 북극점의 겨울 평균 기온은 영하 34℃야. 하지만 북극은 남극과 달리 여름에는 따뜻한 편이지. 북극점의 여름 평균 기온이 0℃이거든."

예담이는 고개를 갸웃거리며 말했어요.

"같은 극지방인데 왜 북극은 남극보다 따뜻해요?"

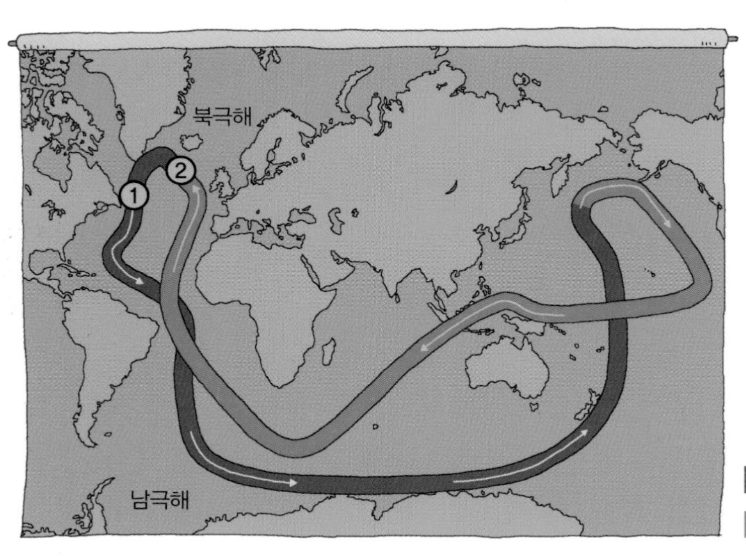

북극 바다에는 남쪽으로부터 따뜻한 난류가 흘러들어 오며 북극 바다는 열을 흡수하고 저장한다. 반면 남극은 육지를 덮고 있는 얼음이 육지가 열을 흡수하는 것을 막는다.

"북극 바다에는 남쪽 바다로부터 따뜻한 물이 흘러들기 때문이야. 또 북극은 바다로 이루어져 있고, 남극은 땅으로 이루어져 있어서 북극이 남극보다 따뜻한 편이지. 왜냐하면 땅은 햇빛을 받으면 빨리 데워지고 햇빛이 사라지면 빨리 식지만, 바다는 햇빛을 받으면 천천히 데워지고 햇빛이 사라지면 천천히 식기 때문이야. 게다가 남극은 두꺼운 얼음으로 덮여 있어 북극보다 해발 고도가 높고, 엄청난 양의 빙하가 대부분의 햇빛을 반사시키기 때문에 북극보다 더욱 추울 수밖에 없어."

황제펭귄이 추위를 이겨 내는 방법

남극은 지구에서 가장 강한 바람이 부는 곳이다. 특히 '블리자드'라고 불리는 강한 바람이 부는데 심한 추위와 거센 눈보라를 몰고 온다. 이 블리자드가 불면 사람이 느끼는 체감 온도는 실제 온도보다 훨씬 더 떨어진다.

남극에 세찬 블리자드가 불면 황제펭귄들은 수십 수백 마리가 둥글게 모여 서로 몸을 최대한 밀착시켜 거대한 덩어리를 이룬다. 이는 서로의 체온에 의지하여 몸이 어는 것을 막기 위해서이다. 블리자드를 온몸으로 막아야 하는 맨 바깥쪽 자리의 펭귄과 안쪽에 있는 펭귄이 수시로 자리를 교대하여 얼어붙는 펭귄이 안 생기도록 한다.

멀고도 먼 세종 과학 기지

국진 아저씨는 지치지 않고 계속 말을 이어 갔어요.

"남극은 기후가 굉장히 건조해. 남극의 서쪽 해안 지방은 1년 강수량이 세계 평균에 한참 못 미치지. 남극점의 연간 강수량은 사하라 사막의 연간 강수량보다 더 적어. 심지어 약 200만 년 동안 비가 한 방울도 내리지 않는 곳도 있지. 그래서 사람들이 남극을 하얀 사막이라고 부르기도 해."

은별이는 두 눈을 동그랗게 뜨고 말했어요.

"빙하로 덮여 있는 사막이라니! 그런데 남극은 왜 그렇게 건조한 거예요?"

"남극이 이렇게 건조한 이유는 기온이 너무 낮아 공기 중의 수분이 금세 얼어 버리기 때문이야. 게다가 눈도 아주 조금 내리기 때문에 사막보다 건조하지."

국진 아저씨가 비밀 이야기를 하듯 조용하게 말했어요.

"사실 남극은 약 5,000만 년 전에는 나무가 자랄 정도로 따뜻했단다. 당시 남극의 기온은 한겨울에도 10℃ 이상이었고, 한여름에는 25℃에 달했다

기온이 낮고 건조한 남극에서는 음식이 잘 상하지 않는다. 그래서 남극 탐험가 라이핸은 1955년에 50년 전의 남극 탐험대가 남긴 빵을 먹었다고 한다. 또 죽은 생물체도 아주 천천히 썩기 때문에 죽은 동물이 미라가 되는 경우도 많다.

고 해. 당시에는 북극도 남극처럼 따뜻해서 기온이 13℃나 되고 습도도 높아서 키가 30m나 되는 나무가 자랄 정도였지. 당시 지구의 평균 기온은 현재보다 5℃ 정도 더 높았거든."

예담이는 고개를 갸웃거리며 물었어요.

"그런데 왜 기온이 이렇게 변한 거예요?"

"그 이유는 아직까지 정확히 밝혀지지 않았지만, 그때와 지금의 대기 중에 있는 이산화탄소와 같은 기체량과 햇빛의 양이 변했기 때문이라고 짐작할 뿐이야."

그때 갑자기 **주변을 살피던** 은별이가 건물들을 가리키며 물었어요.

"저기가 세종 과학 기지죠? 우리 어서 들어가 봐요."

"저건 칠레 프레이 기지야. 세종 과학 기지는 보트를 타고 30분을 더 가야 해. 보트를 타면 추우니까 은별이는 방한복을 입도록 하렴."

은별이는 방한복을 입으며 **한숨을 쉬었고,** 예담이도 그 옆에서 한숨을 내쉬었어요. 국진 아저씨는 그런 아이들이 귀여운 듯 미소를 지으며 방한복을 입었어요.

해가 떠 있는 밤

국진 아저씨와 아이들이 보트를 타고 차가운 물살을 가르며 30여 분 정도를 가자 바다 너머 육지에 몇 채의 건물이 보였지요.

"저기 블록을 엎어 놓은 것처럼 생긴 건물들이 세종 과학 기지예요?"

"응."

은별이의 물음에 국진 아저씨는 미소를 지으며 고개를 끄덕였어요.

보트가 세종 과학 기지 부둣가에 도착했을 때, 세종 과학 기지 대장님과 대원들이 모두 나와 있었어요.

"반가워요, 반가워! 꼬마 친구들의 방문을 환영합니다!"

대장님이 미소 띤 얼굴로 예담이와 은별이를 반갑게 맞아 주었지요.

"이곳이 너희가 생활하게 될 세종 과학 기지란다."

국진 아저씨는 예담이와 은별이를 숙소로 데리고 갔어요.

"너희들이 떠나는 날까지 내가 쭉 안내할 거야. 그러니 내 말을 잘 들어야 해. 알겠지? 오늘은 피곤할 테니 푹 쉬도록 해라."

아이들이 숙소에 짐을 모두 풀자 어느덧 시간이 밤 10시가 되었지요.

"예담아, 우리 나가 보자! 남극에선 밤에 알록달록 예쁜 '오로라'를 볼 수 있대. 오로라를 보러 가자."

예담이와 은별이가 숙소 밖으로 나왔어요. 그런데 밖이 아직 밝았어요.

"어? 밤 10시가 넘었는데, 밝네."

"지금 남극은 백야 기간이기 때문이야."

예담이와 은별이 뒤에 어느새 국진 아저씨가 서 있었어요.

"해가 지지 않아 낮이 계속되는 것을 '백야', 반대로 해가 뜨지 않아 밤이 계속되는 것을 '극야'라고 하지. 백야와 극야는 남극과 북극에서 볼 수 있는데 특히 남극점과 북극점에서는 백야와 극야가 6개월 동안 계속돼."

"어떻게 그래요?"

세종 과학 기지의 여름밤에 백야가 일어난 모습이다.

남극의 벨링스하우젠 해 하늘에 펼쳐진 오로라의 모습이다.

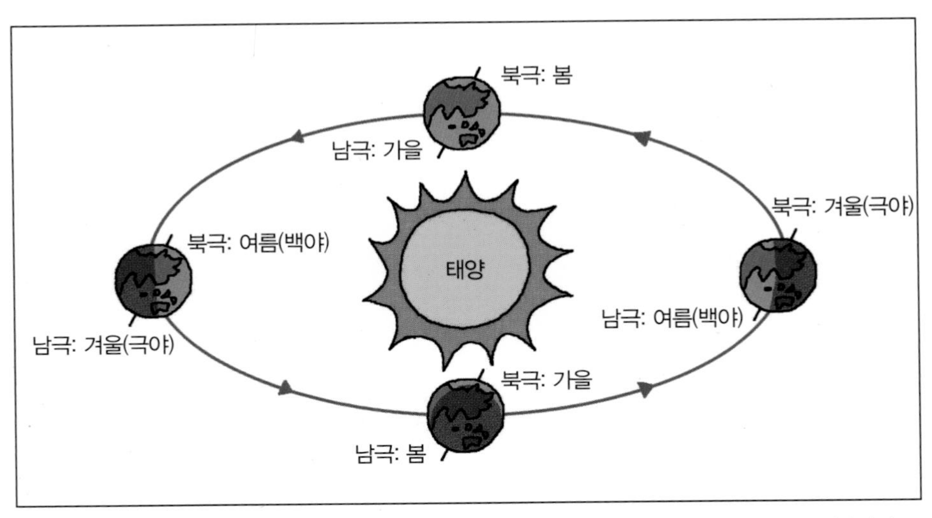

지구의 자전축이 23.5° 기울어진 채 태양 주위를 돌기 때문에 남극과 북극에 백야와 극야가 일어난다.

예담이가 놀라서 백야와 극야가 왜 일어나는지 **물었어요.**

"그건 지구의 자전축이 23.5° 기울어져서 태양 주변을 돌기 때문이야. 태양 쪽으로 기운 곳은 햇빛을 많이 받고, 반대로 태양에서 먼 쪽은 햇빛을 적게 받지. 그래서 지구의 가장 아래쪽에 있는 남극은 여름이면 태양 쪽으로 기울어져서 해가 지지 않는 백야가, 겨울이면 태양의 반대쪽으로 기울어져서 해가 뜨지 않는 극야가 일어나는 거야. 북극도 마찬가지지."

국진 아저씨는 설명을 마치고 아이들에게 물었어요.

"그런데 너희들은 왜 이 시간에 밖에 나온 거야?"

"오로라를 보려고요."

"**이런!** 백야 기간에는 오로라를 보기 힘들어."

은별이는 실망한 표정이 역력했어요.

"아저씨는 오로라를 보셨어요?"

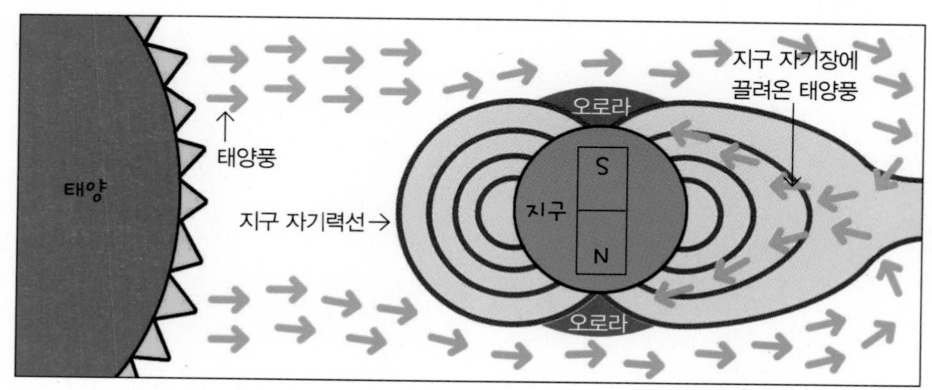

오로라는 태양풍이 지구 자기장을 만날 때 생기는 현상이다.

예담이가 은별이의 기분을 풀어 주려는 듯이 재빨리 물었어요.

"그럼, 오로라는 녹색, 보라색, 붉은색, 푸른색 등 다양한 빛이 마치 하늘에 커튼을 드리운 것처럼 펼쳐져."

"오로라는 왜 일어나는 거예요?"

예담이가 호기심 어린 두 눈으로 물었지요.

"태양은 전기를 띤 입자들인 '태양풍'을 뿜어내는데, 이 태양풍은 대부분 지구 자기장 밖으로 흩어져. 그런데 태양풍의 일부가 지구 자기장에 끌려와 남극과 북극으로 흘러들어 오는데, 이때 태양풍이 대기 중에 있는 공기와 부딪히면서 아름다운 빛을 내는 거야."

"오로라는 왜 여러 가지 색으로 빛나는 거예요?"

조용히 있던 은별이가 물었어요.

"태양에서 뿜어내는 태양풍이 공기의 어떤 성분과 부딪히느냐에 따라 오로라의 색이 달라지지. 질소와 부딪히면 보라색을 내고, 산소와 부딪히면 붉은색과 녹색을 낸단다."

신기한 남극과 북극의 하늘

국진 아저씨가 **문득** 무언가 떠올랐는지 멀리 지평선에 낮게 떠 있는 태양을 가리키며 말했어요.

"날씨가 맑은 날, 남극이나 북극에서 태양이 지평선 가까이 있을 때 태양이 여러 개로 보이거나 태양 주변에 다채로운 빛깔의 둥근 띠가 여러 개 나타나기도 해."

"그게 정말이에요?"

예담이와 은별이가 놀라서 두 눈을 동그랗게 떴어요.

"응, 그런 현상을 '환일 현상'이라고 해. 남극과 북극은 너무 추워서 구름이 작은 얼음 알갱이로 이루어져 있는데, 공기 속에 있는 이 얼음 알갱이들과 햇빛이 만나면 반사되거나 꺾이고 흩어지는 환일 현상이 일어나는 거야. 밤이 되면 달 주변에서도 달빛이 공기 속의 얼음 알갱이들과 만나 같은 현상을 일으키는데, 이것은 '환월 현상'이라고 해."

"또 다른 신기한 현상들이 있어요?"

남극의 환일 현상

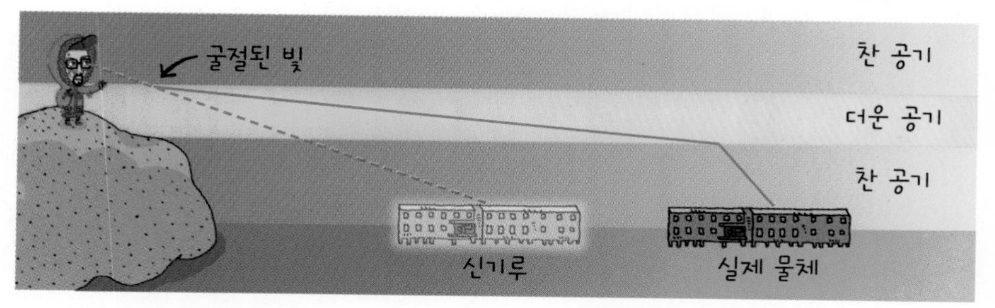

신기루 현상이 나타나는 이유

남극과 북극의 지표면은 온도가 매우 낮은데, 아침에 해가 뜨면 위쪽의 공기가 점점 따뜻해지면서 위쪽과 아래쪽 공기의 온도 차이가 생긴다. 빛은 온도가 서로 다른 공기를 통과할 때 그 경계면에서 방향이 꺾이는 성질이 있다. 그래서 실제로는 멀리 있는 것이 가깝게 보이는 착시 현상이 일어난다.

궁금한 것이 있으면 못 참는 은별이가 물었어요.

"있지. 남극과 북극에서는 신기루 현상도 자주 일어나."

아저씨의 말에 아는 척하기 좋아하는 예담이가 불쑥 끼어들었어요.

"신기루 현상은 위쪽 공기와 아래쪽 공기의 온도가 달라서 멀리 있는 것이 아주 가까이 보이는 현상이잖아요."

"맞아, 예담이가 잘 알고 있구나."

그때, 은별이가 극진 아저씨의 한 손이 등 뒤로 가 있는 걸 보았어요.

"아저씨, 등 뒤에 뭐 숨기는 거라도 있으세요?"

"아, 아무것도 아니야!"

은별이는 극진 아저씨의 등 뒤를 보려고 했지만 아저씨가 몸을 돌려 볼 수 없었어요. 그때 예담이가 몸을 움츠리며 말했어요.

"은별아, 나 추워! 이제 그만 안으로 들어가자."

"그래, 어서 숙소로 들어가라."

은별이는 어쩔 수 없이 예담이의 손에 이끌려 숙소로 들어갔어요.

북극에 사는 생물들

숙소로 들어온 은별이는 잠을 이룰 수가 없었어요. 국진 아저씨가 등 뒤에 숨기고 있던 것이 무엇인지 궁금했기 때문이지요. 예담이도 남극에서 보내는 첫날이라 그런지 잠을 이루지 못한 채 책 한 권을 꺼내 들고 휴게실로 나왔어요. 은별이도 따라 나와 예담이 옆에 앉았지요.

"그 책은 뭐야?"

"북극에 사는 생물들에 관한 책인데, 정말 재미있어!"

"넌 여전히 북극에 빠져 있구나?"

예담이는 은별이의 말에 아랑곳하지 않고 책을 펼쳐 보여 주었어요.

"자, 봐. 북극에서 가장 크고 힘이 센 동물인 북극곰이래."

은별이는 북극곰에게 눈길이 갔어요. 동물원에서 북극곰을 본 적이 있었거든요.

"북극곰이 북극처럼 추운 곳에서 살 수 있는 것은 몸이 추위에 잘 적응할 수 있도록 만들어졌기 때문이래. 체온을 잘 유지할 수 있도록 몸통을 제외한 머리와 귀, 꼬리 등의 부분들이 작아졌어. 또 온몸에 털이 이중으로 촘촘히 나 있대. 또 피부 아래에 무려 11cm나 되는 지방층이 있다고 해. 아! 발바닥에도 털이 아주 촘촘하게 나서 추위를 막아 주고 얼음 위에서도 넘어지지 않도록 해 줘."

"그런데 북극곰은 뭘 먹고 살기에 그렇게 덩치가 큰 거지?"

은별이가 북극에 관심을 보이자 예담이는 신이 났어요.

"북극곰은 물범을 주로 잡아먹는데, 바닷속에 있던 물범이 숨을 쉬기 위해 얼음 구멍으로 잠깐 고개를 내밀 때 앞발로 내리쳐서 사냥한대. 물범을 사냥하기 힘들 때는 물고기도 잡아먹어."

"그렇구나. 북극에 사는 다른 동물들도 보자."

"그래, 내가 보면서 알려 줄게. 북극에는 물범과 바다코끼리도 살고 있어.

북극에 사는 동물

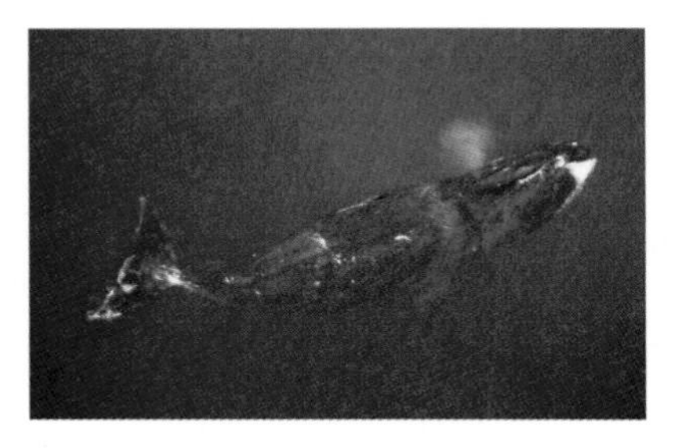
북극고래

물범과 바다코끼리도 북극곰처럼 피부 아래에 두꺼운 지방층이 있어서 추위에 잘 견디고, 지느러미처럼 생긴 발이 있어서 물속에서 헤엄을 잘 칠 수 있대. 물범과 바다코끼리는 물고기와 조개를 먹고 살아."

"북극의 차가운 물속에도 물고기가 있네?"

"응, 북극에서 가장 많이 잡히는 물고기는 북극대구인데, 북극 바닷속에 있는 식물성 플랑크톤과 조류들을 먹고 사나 봐."

북극에 흥미를 느낀 은별이는 책장을 넘기다 고래 사진을 보았어요.

"이건 고래잖아. 북극에 고래도 사네?"

"응. 북극고래는 피부 아래에 두꺼운 지방층이 있어서 차가운 북극의 바닷속에서도 살 수 있대. 그런데 한동안 사람들이 북극고래를 너무 많이 사

북극 툰드라에 사는 동물

냥해서 그 수가 많이 줄어들었대. 그래서 지금은 북극 원주민이 식량으로 쓰는 경우만 사냥이 허용되고 있다네."

"그렇구나. 참, 북극에 생물이 많이 사는 지역이 있다고 들었는데……."

은별이의 말에 예담이는 재빨리 툰드라 지역에 사는 생물을 찾았어요.

"응. 바로 툰드라 지역이야. 툰드라에선 여름철에 땅이 녹으면서 이끼류와 키가 작고 줄기와 가지의 구분이 없는 관목들이 자라. 북극의 식물들은 강한 바람과 추위를 이겨 내기 위해 땅을 기어가는 것처럼 낮게 옆으로 자란대. 또 툰드라에는 다양한 동물들도 있어. 여름철에는 무리를 이룬 순록이 이끼를 먹고 살고, 사향소도 무리를 이루어 살고 있어. 늑대는 순록 무리를 쫓아다니면서 어리거나 병든 순록을 잡아먹어. 또 눈토끼나 뇌조, 북극여우도 살고 있어."

예담이가 툰드라에 사는 생물을 열심히 설명하는 동안 은별이는 잠시 잊었던 국진 아저씨 생각이 불현듯 떠올랐어요.

'도대체 아저씨가 숨기는 게 뭘까?'

남극에 사는 생물들

은별이가 갑자기 소파에서 **벌떡** 일어났어요.

"아무래도 국진 아저씨한테 가 봐야겠어. 예담아, 나 잠깐 나갔다 올게."

은별이는 숙소 밖으로 나가 숙소에서 조금 떨어져 있는 창고 건물 옆에서 국진 아저씨를 발견했어요. 은별이는 **살금살금** 창고 건물 뒤로 가서 몰래 국진 아저씨를 보았어요. 아저씨는 펭귄 한 마리에게 음식을 주고 있었지요. 아까 국진 아저씨가 등 뒤로 숨긴 게 바로 펭귄에게 줄 음식이었던 모양이에요. 펭귄은 아저씨가 주는 음식을 맛있게 먹으며 말했어요.

"한동안 안 보이던데, 어디 갔었어?"

"응, 서울에 갔다 왔어. 오는 길에 극지 체험단 아이들도 데려오고."

은별이는 자신의 귀를 의심하였어요.

'**맙소사!** 펭귄이 말을 하다니!'

음식을 다 먹은 펭귄은 국진 아저씨에게 인사를 하고 뒤뚱뒤뚱 걸어갔어요. 펭귄이 멀어지자 기다렸다는 듯이 은별이가 국진 아저씨를 불렀어요. 아저씨는 당황한 모습으로 주변을 살피더니 은별이를 숙소로 데리고 갔지요. 숙소 휴게실에서는 여전히 예담이가 책을 읽고 있었어요.

"아저씨, 마침 잘 오셨어요. 지금 북극 생물에 관한 책을 읽었는데, 읽다 보니 남극 생물이 궁금해요. 어, 은별아! 너도 궁금하지 않니?"

국진 아저씨는 예담이의 질문이 반가웠어요. 혹시 은별이가 팽구를 봤는지 걱정되었거든요.

"남극은 기후가 굉장히 춥고 다른 대륙으로부터 멀리 떨어져 있기 때문에 살고 있는 생물의 종류가 다양하지 않아. 그리고 몇 종 안되는 생물들도 대부분 차가운 대륙 안쪽보다 조금 더 따뜻한 바다나 해안 쪽에 살고 있어."

아저씨의 말이 끝나자 은별이가 불쑥 끼어들어 따지듯 물었어요.

"아저씨! 아까 아저씨가 펭귄한테 음식을 준 거 맞죠?"

국진 아저씨는 난감한 표정으로 은별이의 머리를 쓰다듬으며 어색하게 웃었어요.

"하하. 우리 은별이가 펭귄에 대해 궁금한가 보구나. 남극을 대표하는 생물은 역시 펭귄이지. 펭귄은 약 16~18종류가 있는데, 남극의 가장 대표적인 펭귄은 아델리펭귄과 황제펭귄이야. 특히 아델리펭귄은 남극에 사는 펭귄 가운데 수가 가장 많아."

국진 아저씨는 은별이를 애써 외면하며 계속 말을 이었어요.

"펭귄은 몸이 유선형이고, 날개가 지느러미 역할을 해서 물속에서 아주

빠르게 헤엄칠 수 있어. 펭귄이 아주 빠르게 헤엄칠 때는 마치 돌고래가 물 밖으로 솟아오르는 것 같지."

"펭귄은 날지 못하는 대신 헤엄을 잘 치네요."

예담이는 고개를 끄덕였어요. 그러나 은별이는 할 말이 있다는 듯이 아저씨를 흘겨보았어요. 아저씨는 계속 은별이의 시선을 피하며 말했지요.

"남극에는 물범과 물개도 살고 있어. 물범들은 물고기와 오징어, 크릴 등을 잡아먹으며 살고 펭귄을 잡아먹기도 하지. 물개는 물범보다 날씬해서 동작이 빠른데, 주로 물고기와 오징어를 잡아먹어."

"와, 물범은 북극에도 살고 남극에도 사는구나! 그럼 고래도 있어요?"

예담이가 신이 나서 물었어요.

"그럼, 남극 바다에는 고래가 많아. 그래서 사람들은 20세기 초부터 남극 바다에서 고래를 사냥했어. 이때 가장 많이 잡은 고래가 바로 지구에서 가장 큰 생물인 대왕고래야. 대왕고래는 길이가 약 30m가 넘고, 몸무게는 약 150t이 넘어."

"무엇을 먹고 살길래 대왕고래 몸집이 그렇게 커요?"

"대왕고래는 '크릴'을 먹는데, 한 끼에 크릴 500만 마리를 먹어. 엄청난 양이지? 모습이 새우를 닮아 남극새우로도 불리지만 새우와는 다른 종류

남극에 사는 동물

크릴은 새우와 비슷하게 생겼으며, 몸길이가 약 5~6cm이다.

의 갑각류야. 크릴은 고래뿐만 아니라 펭귄과 물범, 물고기 등 남극에 사는 동물들의 중요한 먹잇감이지. 남극 바다에 크릴이 많은 이유는 크릴의 먹이인 식물성 플랑크톤이 많기 때문이야. 이 식물성 플라크톤은 남극의 물고기들에게도 좋은 먹이가 되지. 남극 바다에 사는 물고기들은 남극대구와 빙어가 대표적인 종이야."

"북극에는 식물이 있는데, 남극에는 식물이 없어요?"

예담이는 **흥분해서** 숨도 안 쉬고 물었어요.

"남극은 너무나 춥기 때문에 식물이 거의 자라지 않아. 꽃은 고작 2종이 있고 나무는 아예 없지. 그나마 식물이 자랄 수 있는 곳은 여름에 눈이 녹는 곳인데 대부분 뿌리, 줄기, 잎이 구분되지 않는 조류나 바위 등에 붙어 자라는 지의류나 이끼류가 자라. 남극에서 자라는 식물들은 환경 탓에 성장 속도가 매우 느려서, 어떤 이끼는 100년에 1cm 정도만 자란다고 해."

스쿠아는 도둑갈매기라고도 불리며 몸길이가 약 55~60cm이고, 색은 갈색이다.

"남극에서 자라는 나무가 없다니 **아쉽네요.** 아! 그런데 펭귄을 공격하는 새가 있다고 하던데요?"

"응, 바로 스쿠아라는 새야. 펭귄이나 다른 새 주변에 둥지를 틀고 살면서 새알이나 새끼를 훔쳐 먹어."

그때 은별이가 더 이상 못 참겠다는 표정으로 소리쳤어요.

"아저씨! 아까 펭귄이 말하는 거 다 들었어요!"

"뭐, 펭귄이 말을 한다고?"

예담이가 **놀라서** 소리를 크게 지르자 국진 아저씨가 급히 예담이의 입을 막았어요.

"휴, 어쩔 수 없구나. 그래, 말하는 펭귄 맞아. 내일 만나게 해 줄 테니 이건 절대 비밀이다!"

국진 아저씨가 아이들에게 신신당부를 했어요. 예담이와 은별이는 놀라서 벌어진 입을 다물지 못한 채 고개를 끄덕였어요.

남극과 북극을 오가는 북극제비갈매기

북극에 사는 새들 중에 겨울이 오면 매서운 겨울 추위를 피해 남극으로 가서 여름을 즐기는 새가 있다. 바로 북극제비갈매기이다. 북극제비갈매기는 북극의 여름인 4~8월에 북극에서 새끼를 낳고 살다가 새끼가 어느 정도 성장하면 남극으로 이동한다. 이때 남극은 여름이고, 북극은 겨울이다. 그리고 다음 해 4월에 남극이 추워지면 다시 새끼를 낳기 위해 북극으로 이동한다. 북극제비갈매기는 북극과 남극을 오가기 위해 매년 40,000km의 엄청난 거리를 비행한다.

국진 아저씨의 태블릿 노트

극지방이 생긴 이유

지구의 땅덩어리는 몇 개의 커다란 판으로 이루어져 있어요. 이 판들은 가만히 있는 것 같지만 아주 천천히 움직여요. 그러면 처음부터 지구의 땅덩어리는 지금과 같은 모습이었을까요?

약 3억 년 전에 지구는 하나의 거대한 땅덩어리로 뭉쳐 있었어요. 이 땅덩어리를 판게아라고 해요. 시간이 지나 판게아는 로라시아 대륙과 곤드와나 대륙으로 갈라지기 시작했어요. 지금의 남극 대륙은 곤드와나 대륙 아래쪽에 있었고, 북극의 땅들은 로라시아 대륙에 붙어 있었지요. 그 후에 로라시아 대륙은 북아메리카와 유럽과 아시아로 갈라졌고, 곤드와나 대륙은 남아메리카와 아프리카, 인도, 오스트레일리아, 남극 대륙으로 갈라졌어요. 남극 대륙은 시간이 지나면서 좀 더 남쪽으로 이동해서 현재의 위치에 자리 잡았지요. 북극의 땅들도 유럽과 아시아, 북아메리카 대륙이 현재의 위치에 자리를 잡았어요. 하지만 이렇게 남극과 북극이 극점에 자리를 잡았다고 지금과 같이 바로 얼음으로 뒤덮인 것은 아니에요. 약 3,700만 년 전부터 기온이 낮아지면서 남극 대륙에 빙상이 늘어나기 시작했어요. 그 후에 기온이 높아졌다 낮아졌다 반복하면서 빙상도 줄었다 늘었다를 반복하여 지금과 같이 얼음으로 뒤덮이게 된 거예요.

판게아 분리 과정

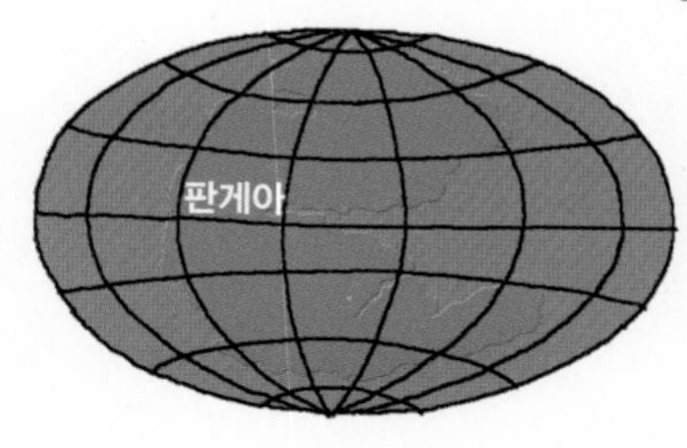

약 3억 년 전

모든 대륙이 하나로 이루어진 판게아였다.

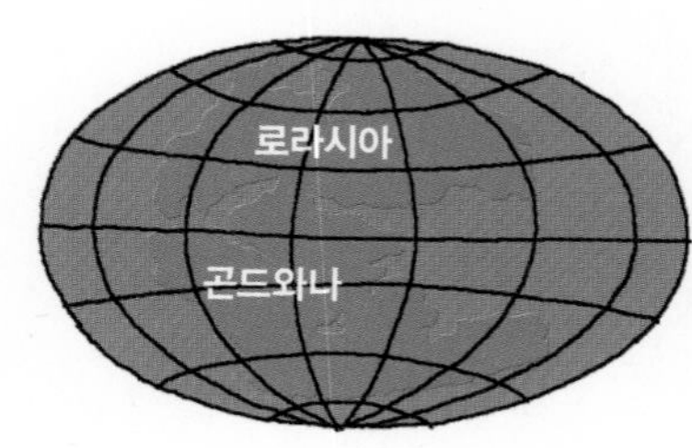

약 1억 9,500만 년 전

하나였던 판게아가 로라시아 대륙과 곤드와나 대륙으로 나뉘었다.

약 1억 3,500만 년 전

로라시아 대륙은 북아메리카와 유럽, 아시아로 갈라지고, 곤드와나 대륙은 남아메리카와 아프리카, 인도, 오스트레일리아, 남극 대륙으로 나뉘었다.

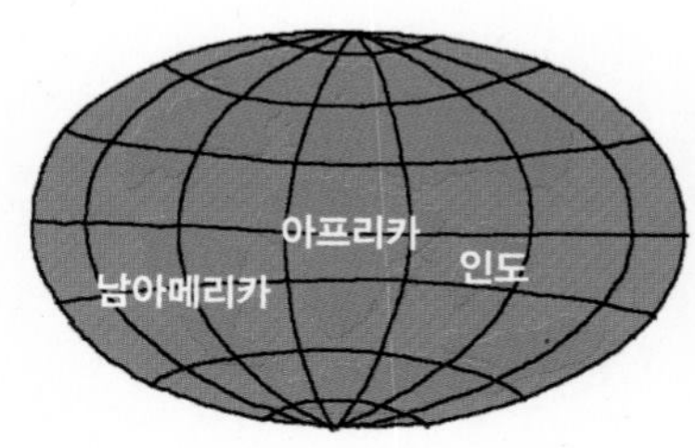

약 6,500만 년 전

남아메리카 대륙과 아프리카 대륙이 떨어지고, 인도는 북쪽으로 이동했다.

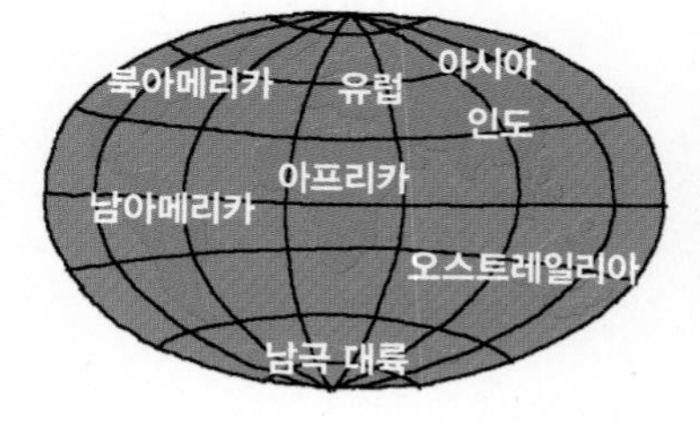

현재

남극 대륙은 오스트레일리아와 떨어지고, 더 남쪽으로 이동했다.

6학년 2학기 과학 3. 계절의 변화

위도와 경도가 무엇일까?

위도는 지구 위의 위치를 나타내는 좌표축 중에서 가로로 된 좌표이고, 경도는 지구 위의 위치를 나타내는 좌표축 중에서 세로로 된 좌표이다.
위도는 적도를 기준으로 하여 남북으로 각 90°로 나눈다. 북쪽은 북위, 남쪽은 남위라고 한다. 경도는 동서로 각각 180°까지 있다. 우리나라는 북위 33~43°에 걸쳐 있고, 동경 124~132°에 걸쳐 있다.

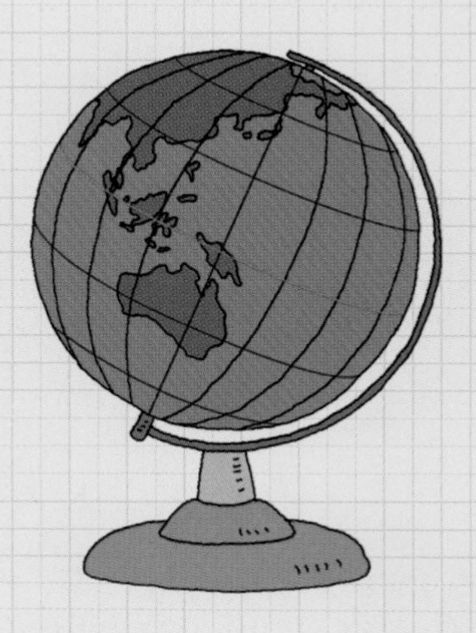

5학년 1학기 과학 1. 온도와 열

왜 남극이 북극보다 더 추울까?

남극은 하나의 커다란 얼음 대륙이어서 햇빛을 많이 반사시킨다. 반면 북극은 $\frac{2}{3}$가 바다여서 바닷물의 영향으로 남극보다 더 따뜻하다. 바다는 햇빛을 받으면 대륙보다 서서히 따뜻해지고, 서서히 식기 때문이다. 또한 북극 바다에는 남쪽에서 올라오는 따뜻한 해류가 지나면서 기온을 따뜻하게 만들어 준다.

북극에는 어떤 대륙이 있을까?

북극의 $\frac{2}{3}$는 북극해가 차지하고 있다. 나머지 북극 땅은 덴마크에 속하는 섬인 그린란드, 미국, 캐나다, 러시아, 핀란드, 스웨덴, 노르웨이 등 7개국의 영토로 나누어져 있다.

북극의 땅은 영구 동토, 툰드라, 타이가 등으로 이루어져 있다. 땅 밑 1~2m 이상 깊은 곳이 일 년 내내 0℃ 이하로 얼어 있는 땅을 영구 동토라고 한다. 북극 땅에는 이런 영구 동토층이 넓게 펼쳐져 있는데, 이 지역을 툰드라라고 한다. 툰드라는 일 년 내내 대부분 눈과 얼음으로 덮여 있지만 짧은 여름철에 일부분이 녹아서 이끼와 같은 식물이 자란다. 냉대 기후 지역에 나타나는 침엽수로 이루어진 수림은 타이가라고 한다.

4학년 2학기 과학 2. 물의 상태 변화

빙하는 어떻게 만들어질까?

아주 추운 지방이나 높은 산에서 눈이 녹지 않고, 쌓이고 쌓여 시간이 지나면 차차 얼음덩어리가 된다. 이것을 만년설이라고 하는데 만년설이 계속 쌓여서 더 단단해지면 아주 커다란 얼음덩어리가 된다. 이런 얼음덩어리가 무게와 중력 때문에 낮은 곳으로 서서히 이동하는 것이 빙하이다. 남극 대륙과 북극권에 있는 그린란드에는 두꺼운 대륙 빙하가 덮여 있다.

2장

남극과 북극 탐험가들

북극을 발견한 바이킹

다음 날, 아침을 먹자마자 국진 아저씨는 예담이와 은별이를 데리고 기지 밖으로 나갔어요. 해변을 따라 한참을 걷자 펭귄들이 보이기 시작했어요. 국진 아저씨가 펭귄들에게 다가가서 휘파람을 불자 어떤 펭귄 한 마리가 국진 아저씨 앞으로 뒤뚱뒤뚱 걸어왔지요. 국진 아저씨와 펭귄은 한동안 이야기를 나누더니 함께 예담이와 은별이 앞으로 왔어요.

"얘들아, 반가워."

펭귄이 예담이와 은별이를 향해 말을 하자 예담이와 은별이는 깜짝 놀라 입을 다물지 못했어요.

"**맙소사!** 펭귄이 진짜 말을 하네!"

"난 그냥 펭귄이 아니야. 자그마치 300살이 넘는 펭귄, 이름은 팽구야."

예담이와 은별이는 이 상황을 도무지 믿을 수 없어서 아무 말도 못 하고

이누이트는 먹고 쓰는 데 필요한 만큼 물범을 사냥한다.

그 자리에 얼어붙었어요.

"나에 대해서는 천천히 이야기해 줄게. 난 너희들이 궁금해하는 남극과 북극에 모두 살아 봤어. 그래서 극지방에 대해 잘 알아. 뭐든지 물어보면 자세히 알려 줄게."

"펭귄은 남극에만 있는데, 어떻게 북극에서도 살았다는 거야?"

"나는 조금 특별한 펭귄이야. 300년 전쯤 북극에 살다가 100년 전에 남극으로 왔어."

이제야 긴장이 풀렸는지 예담이와 은별이가 조금씩 팽구에게 이것저것 묻기 시작했어요.

"300년 전이면 북극에는 사람이 아무도 없었겠네?"

예담이가 북극 이야기가 나오자 두 눈을 동그랗게 뜨고 물었어요.

"그렇지 않아. 에스키모라고 알려진 원주민 '이누이트'들이 수천 년 전부터 북극에 살았어. 이누이트들은 주로 사냥을 하면서 살았기 때문에 사냥감을 찾아 여기저기 돌아다녔지."

"그럼 북극을 처음 발견한 사람들이 이누이트들이야?"

예담이가 궁금해하자 이번에는 극진 아저씨가 이야기해 주었어요.

"그렇긴 하지. 하지만 이누이트들은 북극에 사는 원주민이고, 다른 곳에 사는 사람들 중에서 북극을 처음 발견한 사람들은 바이킹이야."

예담이와 은별이는 바이킹이라는 말에 **깜짝 놀랐어요.**

"바이킹은 8세기 말에서 11세기 초까지 유럽의 해안을 약탈하고 다녔던 무시무시한 해적이라는 건 알고 있지? 당시 아이슬란드에 사는 바이킹이었던 '에리크 토르발손'은 사람을 죽여 3년 동안 아이슬란드에서 쫓겨나게 되었어. 그래서 982년, 가족과 몇몇 친구들과 함께 배를 타고 아이슬란드를 떠나 서쪽으로 갔어. 얼음 바다에서 표류하던 에리크는 새로운 섬을 발견하고, 이 땅의 이름을 **그린란드**라고 지었어."

"왜 이름을 그린란드라고 지었어요?"

은별이는 고개를 갸웃거리며 물었어요.

"옛날에는 북극이나 남극이 지금보다 따뜻했기 때문에 당시에는 그린란드가 완전히 얼음으로 덮여 있지는 않았어. 하지만 에리크가 다른 사람들에게 이 땅을 더 살기 좋은 땅이라고 믿게 하려는 속셈으로 그린란드라는 이름을 지었지."

국진 아저씨가 이야기해 주었어요.

"그래서 어떻게 됐어요?"

"에리크는 3년 뒤에 아이슬란드로 돌아가 자신과 함께 그린란드에 갈 사람들을 모집했어. 에리크를 따라온 사람들은 그린란드에서 집을 짓고 농사를 지으며 살았어. 이후 바이킹들의 후손은 1100년대에는 인구가 3,000명이 넘을 정도로 번성했어. 그런데 1100년대 말이 되자 기후가 **점점** 더 추워지기 시작했어. 그러면서 먹을 것이 부족해지고 살기 힘들어졌지. 게다가 예전부터 살고 있던 원주민인 이누이트들이 이들을 공격했어. 결국 1400년대 이후에는 그린란드의 바이킹들이 모두 사라지고, 지금은 그 흔적만 남아 있어."

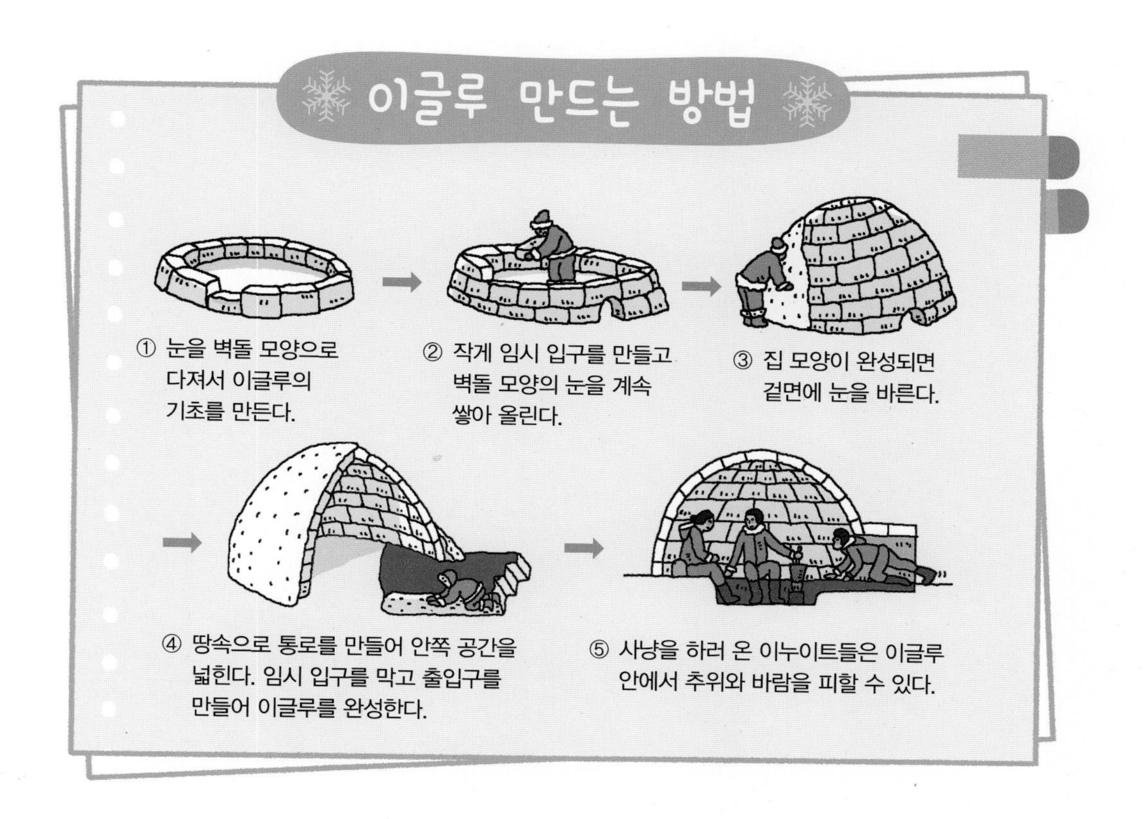

북서 항로를 개척한 아문센

국진 아저씨는 계속 탐험가들의 이야기를 해 주었어요.

"1100년대 말부터 기후가 점점 추워지면서 북극으로 가는 바다에는 커다란 빙산이 떠다니기 시작했어. 그런 곳을 항해하는 것은 너무나 위험했기 때문에 한동안 유럽 사람들은 북극에 갈 생각을 하지 못했어."

"남극으로 오기 전에 북극에서 배를 봤는데? 그때서야 북극에 온 건가?"

팽구가 고개를 갸웃거리며 끼어들었어요.

국진 아저씨가 차근히 이야기를 다시 시작했어요.

"아니, 그보다 훨씬 전인 16세기부터 유럽 사람들은 다시 북극 탐험에 나섰어. 당시에는 뱃길을 이용해 유럽과 아시아의 무역이 활발했지. 유럽 상인들은 배를 타고 아프리카를 돌아 아시아에 가곤 했는데, 이 뱃길이 너무나 길어서 북극 바다를 가로질러 가는 새로운 뱃길인 '북서 항로'를 탐험하

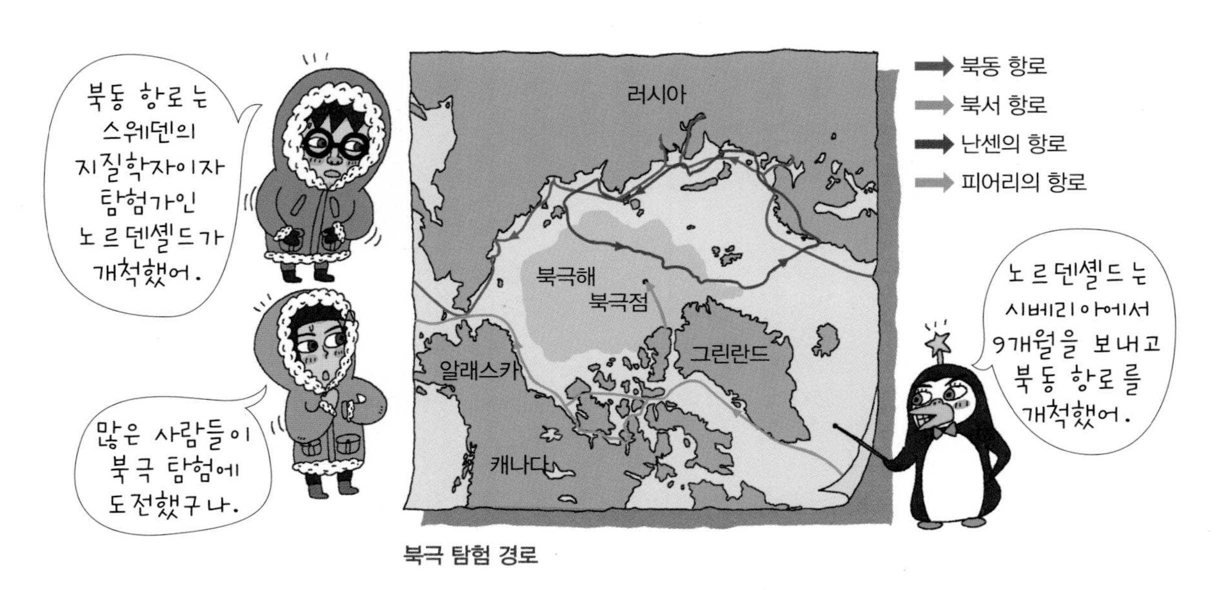

북극 탐험 경로

기 시작했지. 북서 항로는 험난한 길이었지만 많은 탐험가들이 도전했어. 하지만 큰 빙산에 충돌하거나 얼음에 갇히는 등 대부분이 실패했어.”

예담이와 은별이는 안타까운 표정을 지었어요.

“북서 항로는 항해술이 더욱 발달한 20세기 초가 되어서야 개척되었어. 최초로 북서 항로를 개척한 사람은 노르웨이의 탐험가 ‘로알 아문센’이야.”

“아문센이면 남극점에 최초로 도달한 탐험가인데.”

은별이의 말에 국진 아저씨가 고개를 끄덕이며 말했어요.

“은별이 말이 맞아. 아문센은 1903년에 노르웨이를 떠났어. 북극에서 두 번의 겨울을 보내고 1906년에 북서 항로를 개척했지.”

북극점을 향해 갔던 난센

팽구가 국진 아저씨의 이야기에 덧붙여 말했어요.

"1893년에 개 썰매를 타고 북극점으로 가는 사람들을 본 적이 있어."

"북극점은 바다 위에 있는데 어떻게……."

예담이가 **믿을 수 없다는 듯이** 고개를 갸웃거렸어요.

"북극 바다는 엄청 추워서 얼음으로 뒤덮여 있기 때문에 북극점도 얼음 위에 있거든."

팽구가 **으쓱하며** 말했어요.

"아마 팽구가 본 사람은 노르웨이의 탐험가 '프리드쇼프 난센'일 거야!"

국진 아저씨는 팽구에게 미소를 보내며 말했어요.

"난센은 인류 최초로 바다 얼음 위에서 개 썰매를 타고 북극점을 향해 갔어. 그는 1888년에 그린란드를 횡단했는데, 그때 해안가에서 시베리아에서 벌목된 **나무토막**을 발견했어. 난센은 시베리아 나무토막이 어떻게 그

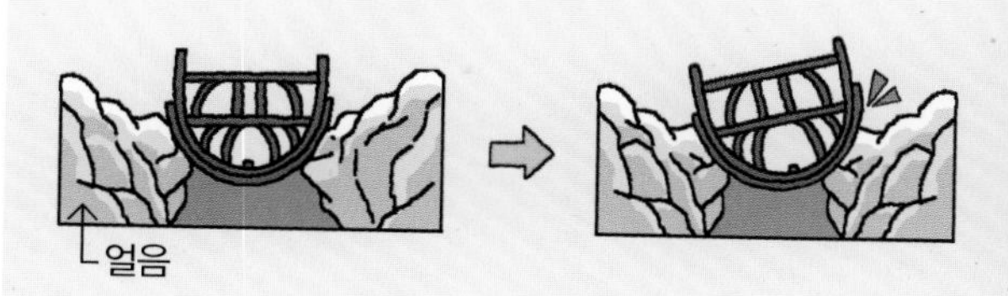

난센은 얼음에 의해 배가 부서지지 않도록 배의 바깥면을 두껍게 만들었다. 그리고 배의 옆면을 둥글게 만들어 배가 얼음에 걸렸을 때 얼음 위로 들리도록 하였다.

린란드 해안으로 왔는지 연구했고, 시베리아에서 북극해를 지나 그린란드로 이어지는 해류를 타고 나무토막이 그린란드 해안가로 왔다는 결론을 내렸지. 그래서 그 해류를 타기만 하면 북극점에 갈 수 있다고 확신했어. 난센은 1893년 얼음덩어리와 부딪혀도 부서지지 않게 특수 제작된 배, 프람호를 타고 북극 바다를 향해 갔지. 프람호는 선체가 둥글어서 바다의 얼음에 걸리지 않았어."

"그래서 어떻게 됐어요?"

예담이의 두 눈이 반짝반짝 빛났어요.

"잠깐! 그건 직접 본 내가 이야기해 줄게."

팽구가 입을 열었어요.

"그 배는 바다 얼음에 갇힌 채 해류를 타고 표류했어. 하지만 바다 전체가 얼어 버리면서 더 이상 배를 타고 탐험할 수 없게 되었지. 그래서 난센은 동료와 함께 배에서 내리더니 개 썰매를 타고 북극점으로 향해 갔지. 결국 북극점 조금 아래 지점인 북위 86°(도) 14′(분) 지점까지 도달했는데 얼음 상태가 안 좋아지고 식량도 바닥나기 시작하자 돌아가기로 결심했지. 갖은 고생 끝에 1896년 영국 탐험대에 의해 구조되어 노르웨이로 되돌아갔어. 내 마음이 참 안타까웠어."

북극점에 최초로 도달한 탐험가는?

팽구의 이야기가 끝나고 국진 아저씨가 최초로 북극점에 도달한 탐험가 이야기를 해 주었어요.

"그 후에 북극점에 도달하기 위해 미국의 해군 장교이면서 탐험가인 '로버트 피어리'와 미국인 의사 '프레더릭 쿡'이 경쟁했어. 피어리는 북극점에 도달하기 위해 1898년과 1905년에 시도한 두 번의 탐험에 모두 실패하고 말았지. 이때 피어리는 동상에 걸린 발가락 8개를 잘라 냈어. 하지만 1908년에 또다시 세 번째 북극점 도달을 시도했단다."

"와, 정말 의지가 대단한 사람이네요."

은별이는 감동과 감탄을 동시에 했어요.

팽구가 기억을 떠올리며 말을 시작했어요.

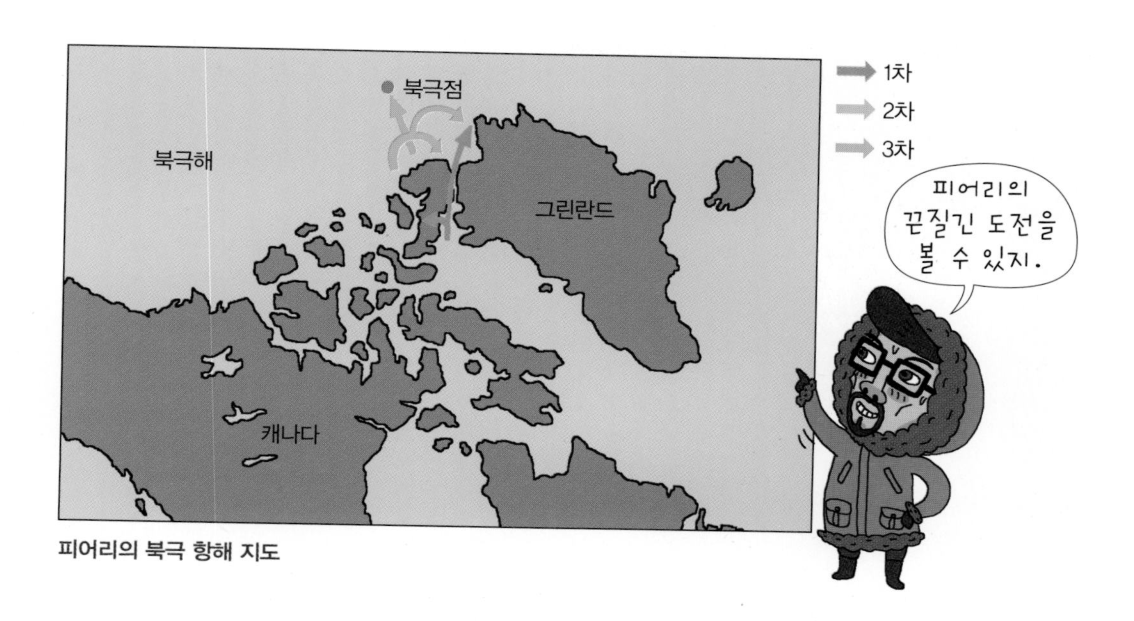

피어리의 북극 항해 지도

"피어리와 일행들이 팀을 나누어 첫 번째 팀이 제1 캠프를 세우면 다른 팀이 뒤를 따르고, 또 다른 팀이 제2 캠프를 세우면 다른 팀이 뒤를 따르며 가다가 나중에는 피어리가 개 썰매를 타고 북극점을 향해 가는 걸 내가 직접 봤지. 정말 대단했어. 몰래 지켜보는 내가 다 감동받았다니까. 그날이 1909년 4월 6일이었어. 내가 북극을 떠나 남극으로 가기 바로 전날이었어."

"그런데 피어리가 인류 최초로 북극점에 도달했다는 것이 논란에 휩싸였어. 아까 피어리와 쿡이 북극점을 향해 경쟁했다고 했지? 바로 쿡이 1908년에 자신이 피어리보다 먼저 북극점에 도달했다고 주장한 거야."

국진 아저씨가 고개를 갸로저으며 말했어요.

"피어리도 쿡의 북극점 도달이 거짓말이라고 주장했는데, 1911년 지리학계의 조사에 의해 쿡의 주장이 거짓으로 판명되었지. 결국 인류 최초로 북

극점에 도달한 사람은 피어리가 되었어. 하지만 피어리가 북극점에 도달했을 때 정확한 위치 측정 기구가 없었고, 북극점에 도달한 속도가 너무 빨랐기 때문에 논란은 계속되었어. 그 후 1996년에 발견된 피어리의 탐험 일지를 통해 피어리가 도착한 곳이 북극점이 아니라 북극점에서 약 40km 떨어진 곳이라는 것이 밝혀졌단다."

"어휴, 그럼 도대체 북극점에 최초로 도달한 탐험가는 누구예요?"

은별이가 답답한 듯이 물었고, 예담이는 궁금해 죽겠다는 표정이었어요.

"음, 조금 복잡하지만 아문센이야."

"피어리도 아니고 쿡도 아니고 아문센이라니……."

예담이가 깜짝 놀라 눈을 껌뻑이며 말했어요.

"응. 놀랍지? 아문센은 북극해에서 북서 항로를 개척했지만, 북극점에 최초로 도달하는 영광을 빼앗긴 것이 무척 아쉬웠어. 하지만 그는 실망하지 않고 다른 방법을 이

용해서라도 북극점에 가 보려고 했지. 아문센이 선택한 방법은 바로 비행선이었어. 아문센은 1926년 탐험가 2명과 함께 비행선을 타고 유럽에서 북극점을 거쳐 알래스카까지 횡단 비행에 성공했지. 비록 아문센이 비행선을 타고 갔지만 결국 인류 최초로 북극점을 통과한 사람이야."

"우아, 아문센은 인류 최초로 남극점과 북극점을 모두 가 본 사람이네요. 그런데 비행선이 아니라 육지를 통해 북극점에 도달한 사람은 없어요?"

예담이가 북극에 대한 모든 것을 알고 싶다는 얼굴로 물었어요.

"육지를 통해 북극점에 도달한 사람은 미국의 탐험가 '랠프 플레이스테드'야. 1968년 4월 19일에 스노모빌을 타고 북극점에 도달했어. 그리고 1995년에는 남아프리카 공화국의 탐험가 '마이크 혼'이 혼자서 스키를 타고 북극점에 도달했지."

"그렇구나. 아저씨, 그럼 우리나라는 언제 북극점에 도착했어요?"

예담이가 우리나라의 북극점 도달을 궁금해했어요.

"우리나라 탐험대는 1991년 5월 7일에 북극점에 도달했어. '허영호' 대장이 이끄는 오로라 탐험대는 스노모빌이나 개 썰매를 타지 않고 오로지 인간의 힘으로 걸어서 북극점 도달에 **성공했단다.**"

허영호 대장이 이끈 오로라 탐험대는 국가로서는 11번째, 팀으로는 18번째로 북극점에 도달했다.

남극 발견을 위한 끝없는 도전

"펭구야, 남극에 대해서는 네가 잘 알지? 남극을 발견한 사람에 대해서도 알려 줘. 궁금해!"

펭구는 신이 나서 말했어요.

"옛날 사람들은 오래전부터 북반구에 대륙이 많기 때문에 남반구에도 대륙이 많을 거라고 생각했어. 그래야 균형이 맞다고 생각했거든."

펭구는 말을 계속 이었어요.

"그런데 남위 50°에서 남위 60° 사이에는 남극의 차가운 바닷물과 인도양, 태평양, 대서양에서 오는 따뜻한 바닷물이 만나는 남극 수렴선이라는 것이 있어. 남극 수렴선을 중심으로 기온과 날씨가 갑자기 달라지고, 짙은 안개가 자주 끼어요. 또한 강력한 폭풍우도 빈번히 발생했어. 그래서 항해술이 발달하기 전에는 이곳을 넘어 남쪽으로 가기 힘들었지."

"남극을 찾아보고 싶어도 기술이 부족해서 못 갔구나."

예담이가 고개를 끄덕이며 호응했어요.

"맞아, 18세기 중반에 항해술이 발달하면서 본격적으로 남극 대륙을 찾기 시작했지. 남극은 남극의 주변 섬을 찾은 사람들과 남극 대륙을 찾은 사람으로 나눌 수 있어. 영국 해군 본부에서 보낸 '제임스 쿡' 선장은 1772년과 1774년 두 번에 걸쳐 남극 대륙을 찾아 나섰지만 끝내 발견하지 못했어. 1819년에는 영국의 '윌리엄 스미스' 선장이 남위 62°까지 내려가서 섬들을 발견했어. 윌리엄 스미스 선장은 이 섬들을 '사우스셰틀랜드 제도'라고 이름을 지었지. 그리고 섬 하나에 상륙하여 영국 국기를 꽂고, 영국의

사우스셰틀랜드 제도에는 1890년대 중반부터 고래잡이가 활발하게 이루어졌다. 고래잡이는 1960년대까지 계속 이어지다 고래의 수가 점점 줄어들고, 고래잡이에 대한 규제가 강화되면서 지금은 연구용으로 아주 적은 수의 고래만 잡을 수 있게 되었다.

국왕인 조지 3세의 이름을 따서 '킹조지 섬'이라고 불렀어."

"어, 킹조지 섬이면 우리가 있는 섬이네."

은별이가 반갑게 대꾸했어요.

"맞아. 이 사우스셰틀랜드 제도는 물개가 많아서 물개 사냥터로 유명해졌어. 1819년부터 1823년까지 무려 32만 마리의 물개가 사냥되었어."

"인간들은 나빠! 불쌍한 물개들을 그렇게 많이 죽이다니!"

아이들이 인상을 쓰자 팽구가 고개를 끄덕이며 말을 이었어요.

"그런데 당시 사람들은 남극 반도와 섬들만을 발견했기 때문에 거대한 남극 대륙이 있다는 것을 몰랐어. 그러다가 1840년에 미국 해군 대위인 '찰스 윌크스'가 남극 대륙 해안에 상륙하면서 남극 대륙의 존재를 알게 되었지."

아문센과 스콧의 대결

"아저씨, 그럼 아문센은 언제 남극점에 최초로 도달했어요?"

은별이는 눈을 동그랗게 뜨고 국진 아저씨에게 물었어요.

"아문센의 남극점 도달에는 아주 재미있는 이야기가 있어. 바로 아문센과 스콧의 대결이야. 남극은 북극보다 더 혹독한 자연환경이기 때문에 남극점에 도달하는 건 대단한 모험이었어. 하지만 피어리의 북극점 도달과 기술의 발달로 남극점 도달에 도전하려는 탐험가들이 나오기 시작했지. 영국 해군 장교인 '로버트 스콧'은 자신이 가장 먼저 남극점에 도달하겠다고 세상에 알리고 많은 준비를 거친 후에 1910년 65명의 선원들과 함께 남극점으로 향했어. 그런데 경쟁자가 나타났어. 이 경쟁자가 너희들이 모두 알고 있는 바로 아문센이야."

"아문센은 북서 항로도 개척하고, 북극점도 횡단 비행하고, 남극점도 가고, 정말 극지를 사랑했나 봐요."

예담이가 대단한 것을 발견한 듯이 말했어요.

"그렇지. 아문센은 피어리가 북극점에 도달했다는 소식을 듣고 목표를 북극점에서 남극점으로 바꾸었어."

"이제부터는 내가 이야기해 줄게. 두 탐험대는 내가 북극을 떠나 남극에 와서 처음 본 사람들이어서 기억이 잘 나."

팽구가 남극에 대한 이야기를 시작했어요.

"아문센은 1911년 1월 14일에 남극의 웨일스 만에 도착했어. 스콧은 일주일 전에 이미 남극 맥머도 만에 도착했지. 아문센과 스콧은 그곳에서 겨울을 보내고, 봄이 오자 남극점을 향해 출발했어. 먼저 출발한 쪽은 아문센이었어. 아문센은 1911년 10월 20일에 남극점을 향해 출발했고, 스콧은 11월 1일에 출발했어."

"스콧은 왜 늦게 출발한 거야? 먼저 출발하는 쪽이 유리할 텐데."

예담이의 물음에 팽구가 기억을 더듬어 말했어요.

"아문센과 스콧은 서로 상대방이 언제 출발했는지 알 수가 없었어. 아무튼 아문센과 스콧은 열심히 남극점을 향해 갔지. 그런데 스콧에게 문제가 발생했어. 스콧은 모터가 달린 썰매와 조랑말을 이용했는데, 남극의 강추위와 눈보라에 모터가 달린 썰매가 고장이 나고 조랑말도 죽은 거야. 게다가 스콧이 출발한 곳은 아문센이 출발한 곳보다 남극점에서 100km나 더 먼 곳이었지."

팽구는 그때 생각을 하며 잠시 숨을 고르더니 말을 계속 이었어요.

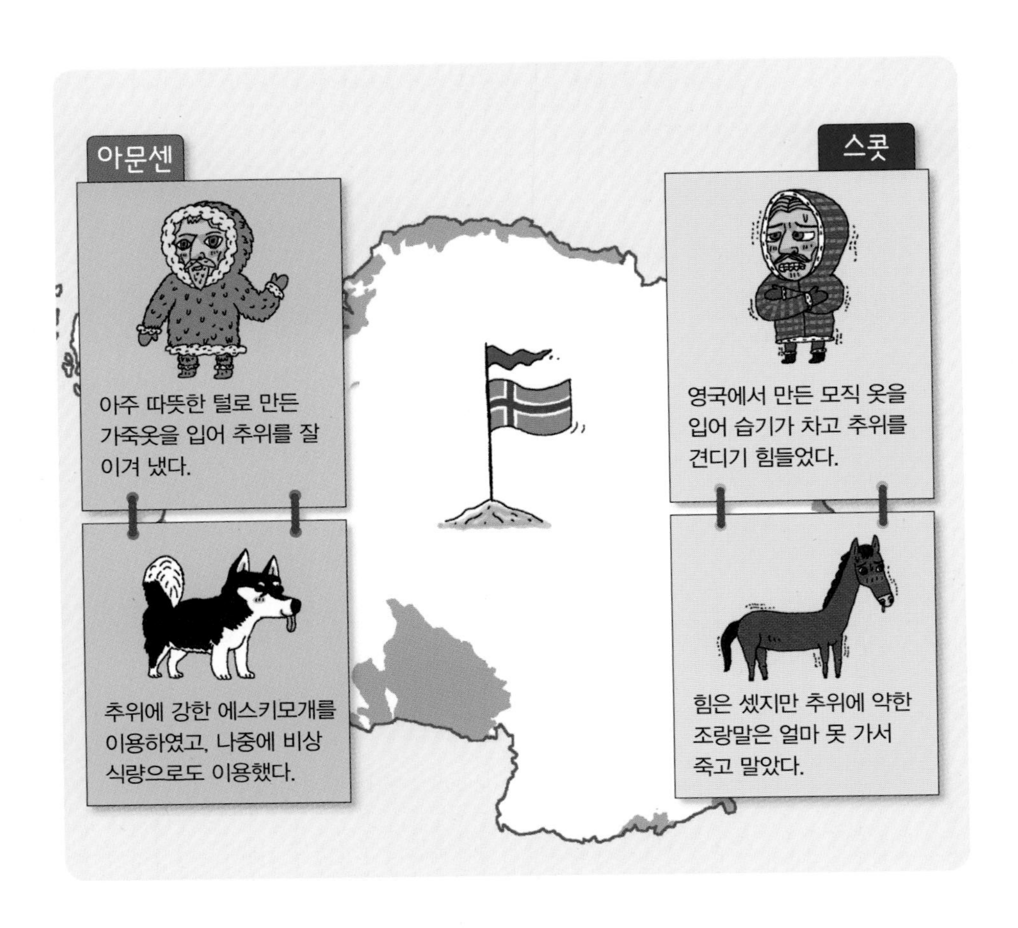

"반면에 아문센은 추위에 강한 에스키모개들을 데려와 순조롭게 남극점을 향해 갔어. 훈련을 잘 받은 개들이 끄는 썰매는 남극점을 향해 부지런히 달렸지. 마침내 아문센은 1911년 12월 14일에 인류 최초로 남극점에 도달했어. 아문센이 남극점에 노르웨이 국기를 꽂고 노르웨이 국가를 부르는 모습을 이 눈으로 직접 봤지."

"와, 그런 역사적인 순간을 봤다니 정말 굉장한걸!"

은별이가 감탄하자 팽구의 어깨가 저절로 으쓱 올라갔어요.

"이때 스콧은 남극점에서 580km나 떨어진 곳에 있었어. 조랑말들이 대부분 죽어서 직접 썰매를 끌어야 하는 힘든 행군을 하고 있었지. 탐험대원들이 모두 지쳐 있어서 스콧은 4명만 데리고 남극점을 향했어. 스콧은 갖은 고생 끝에 남극점에 도착했지. 그때가 아문센보다 한 달이나 늦은 1912년 1월 18일이었어. 스콧은 남극점에 꽂힌 노르웨이 국기를 발견하고 크게 실망했지. 그런데 허탈하게 베이스캠프로 되돌아가던 그들에게 큰 문제가 생겼어. 가지고 온 식량과 연료가 부족했던 거야. 게다가 돌아갈 때 쓰기 위해 식량과 연료를 저장해 두었던 텐트가 눈보라에 파묻혀 찾을 수가 없었어. 결국 그들은 남극의 추위와 눈보라 속에서 목숨을 잃었어. 나로서도 어쩔 수 없었지. 휴……."

"어휴, 참 안됐다."

은별이, 예담이는 안타까움에 모두 한숨을 내쉬었어요.

국진 아저씨가 무거운 분위기를 바꾸려고 일부러 활기차게 말했어요.

"우리나라 탐험대도 1994년 1월 10일에 남극점에 도달했어. 이때 남극 탐험대를 이끈 사람은 북극점을 걸어서 도달했던 허영호 대장이야. 이들은 남극점도 걸어서 도달했는데 오직 걸어서 남극점에 도달한 나라는 영국과 일본에 이어 우리나라가 세 번째였어."

"대단해요. 한국 남극 탐험대 대원들에게 박수를 보내고 싶어요."

은별이가 박수를 치자 예담이도 함께 박수를 쳤어요.

남극과 북극은 누구의 땅일까?

"근데 너희들, 남극이 누구의 땅인지 아니?"

"당연히 펭귄들의 땅이지!"

국진 아저씨의 갑작스러운 질문에 아이들은 제대로 대답을 못 했고, 팽구만이 힘을 주어 말했어요.

"남극 대륙은 한반도의 60배나 되는 광대한 크기에, 숨겨진 자원들도 많아. 그래서 많은 나라들이 남극에 군침을 흘렸지. 영국은 1908년에 남극의 땅 일부를 자기네 것이라고 주장했어. 그러자 다른 나라들도 남극의 땅 일부가 자기네 땅이라고 주장하기 시작했지. 그 근거로 남극을 가장 먼저 발견했다거나 자기네 나라와 남극이 가장 가깝다는 등의 이유를 들었어. 1940년대까지 영국, 아르헨티나, 프랑스, 뉴질랜드, 오스트레일리아, 노르웨이, 칠레가 남극을 조각조각 나눠 가지겠다고 주장했어."

"그럼 세종 과학 기지가 남의 나라 땅에 있는 거예요?"

은별이가 놀라서 물었어요.

"그렇지 않아. 당시 강대국이었던 미국과 소련이 인정하지 않았거든. 미국은 남극에 관심이 있는 국가들에게 남극을 공동으로 관리하자고 했어."

"다른 국가들이 찬성했나요?"

"응, 이 제안에 칠레가 찬성하면서 남극 공동 관리에 대한 국제 사회의 관심이 높아졌지. 1959년 12월 1일에는 미국, 소련, 영국, 아르헨티나, 오스트레일리아, 벨기에, 칠레, 프랑스, 일본, 뉴질랜드, 노르웨이, 남아프리카 공화국 12개국이 모여 '남극 조약'을 맺었고 1961년 6월 23일부터 이 조약

의 효력이 발생하였어."

"그래서 어떻게 됐어요?"

은별이가 재촉하듯이 물었어요.

"남극 조약에 따라 앞으로 어느 나라도 남극을 자기네 땅이라고 주장할 수 없게 되었고, 기존에 남극이 자기네 땅이라던 7개국의 주장은 힘을 발휘할 수 없게 되었지. 남극은 누구의 땅도 아니며, 남극을 이용하기 위한 몇 가지 규칙이 생겼어. 남극은 군사적인 목적이 아닌 평화적인 목적으로만 이용이 가능하고, 과학 조사 목적이라면 언제든지 이용이 가능해. 또 핵 실험을 하거나 방사능을 유출하거나 발암 물질을 처분하면 안 돼. 우리나라도 1989년에 남극 조약에 가입했고, 2012년까지 총 50개국이 남극 조약에 가입했지."

"그러면 북극도 주인이 없어요?"

역시 북극에 관심이 많은 예담이가 기다렸다는 듯이 물었어요.

"북극은 남극과 달리 주인이 있어. 러시아, 미국, 캐나다, 노르웨이, 덴마크 5개국이 북극의 주인들이지. 그래서 북극은 이 나라들의 협조가 없으면 접근하기도 힘들어. 이 나라들은 북극 바다 아래의 영토를 더 많이 차지하기 위해 다투고 있어. 북극 바다 밑에는 많은 지하자원이 묻혀 있기 때문이야."

"어떤 지하자원이 있어요?"

"금, 구리, 납 등의 지하자원이 많아. 최근에 지구 온난화로 빙하가 급속

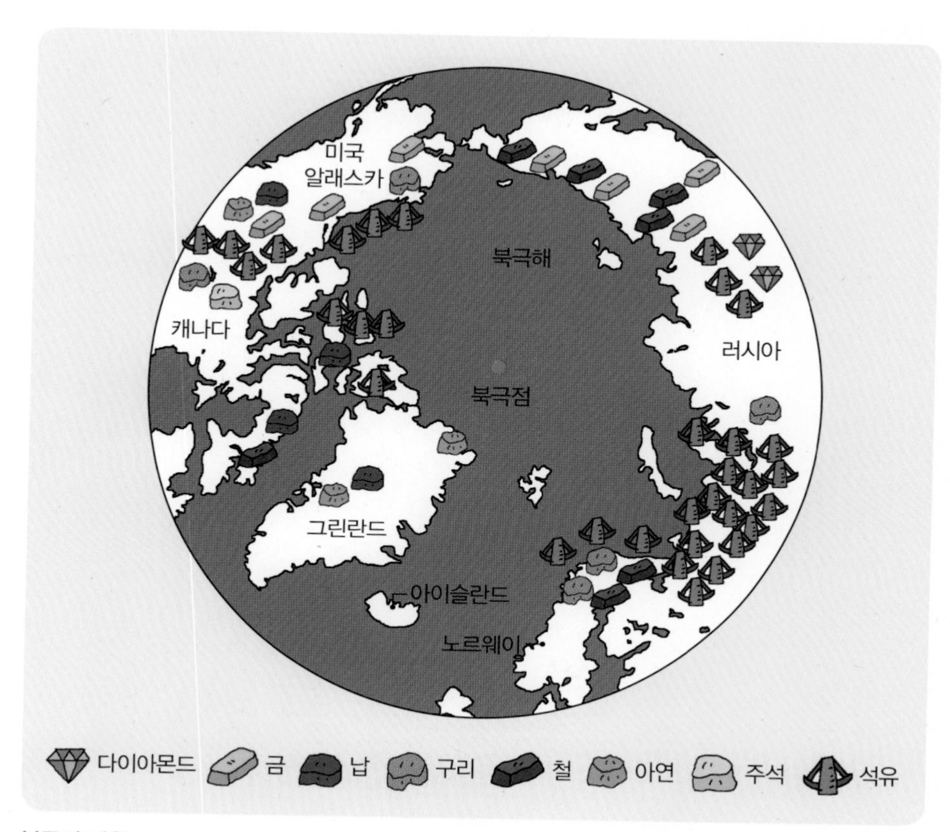

북극의 자원

도로 녹아 천연자원 개발에 더 관심이 집중되고 있어."

"벌써 시간이 이렇게 되었네. 아쉽지만 이제 우리는 기지로 돌아가자."

국진 아저씨는 손목시계를 보며 서둘러 말했어요.

"오랜만에 사람들이랑 많은 대화를 할 수 있어서 즐거웠어. 남극과 북극에 대해 궁금한 게 있으면 언제든지 와. 내가 가르쳐 줄게."

팽구는 예담이랑 은별이와 헤어지는 게 싫은 눈치였어요. 아이들도 무척 아쉬웠지만 팽구와 인사를 나누고, 국진 아저씨와 함께 기지로 향했어요.

국진 아저씨의 태블릿 노트

남극의 환경 보호

남극은 아직까지는 다른 지역보다 덜 오염되어서 매우 깨끗한 곳이에요. 그런데 극지방은 춥고 건조한 기후 때문에 음식물이나 쓰레기가 잘 썩지 않고, 오랫동안 그대로 남아 있어서 한번 오염되면 쉽게 회복되지 않아요. 그래서 남극 조약에 가입한 나라들은 남극을 깨끗하게 보존하기 위해 1991년에 환경 보호에 관한 '남극조약의정서'를 만들어서 1998년부터 시행했어요.

남극 기지에서 나오는 쓰레기는 태울 수 있는 것과 태울 수 없는 것으로 분리한다. 유독 가스가 생기지 않는 것만 태울 수 있고, 태우고 남은 재는 모아서 쓰레기와 함께 모두 배에 실어서 남극 밖으로 가지고 나와야 한다.

남극에서 동식물이 모여 살고 있는 곳에 들어갈 때는 허가를 받아야 하고, 정해진 길로만 다녀야 한다. 동물이 모여 살고 있는 곳에서는 헬리콥터가 낮게 날아서도 안 된다.

남극 밖의 생물이나 흙은 허가 없이 남극으로 가지고 갈 수 없다. 생물이나 흙을 통해 남극에 없던 바이러스나 세균들이 들어가는 것을 막고, 남극의 생태계를 보전하기 위해서이다. 과거에 남극 탐험을 할 때 많은 도움을 주었던 개들도 이제는 남극에 갈 수 없다.

6학년 2학기 사회 3. 세계 여러 지역의 자연과 문화

에스키모는 어떻게 생활할까?

에스키모는 북극을 대표하는 원주민을 가리키는 말이다. 에스키모가 살고 있는 지역은 농사를 지을 수 없어서 바다 근처에 살면서 고기잡이를 하고, 사냥을 하여 식량을 해결했다. 여름에는 주로 천막에서 생활하며 흩어져 살다가 겨울에는 흙집을 짓고 함께 모여서 산다. 겨울에 사냥을 할 때는 눈으로 이글루라는 집을 만들어 잠시 머무르며 생활했지만 요즘에는 전통적인 생활 방식이 변하여 시멘트로 만든 집이나 벽돌집으로 바뀌어 가고 있으며 가축을 길러 가축을 팔거나 일자리를 얻어 돈을 벌기도 한다.

바이킹은 왜 해적이 되었을까?

바이킹은 중세에 스칸디나비아 반도와 덴마크 등에 살면서 바다를 통해 유럽 각지로 나아간 노르만 족을 말한다. 바이킹은 처음에는 북서 유럽에 살다가 기원전 2천 년경부터 스칸디나비아 반도로 이주했다. 7세기 이후 인구가 증가하여 땅이 부족해지자 비옥한 땅을 얻기 위해 민족 대이동을 시작했다. 뛰어난 항해술을 지녔고, 주로 상업을 했지만 새로운 땅을 찾는 과정에서 약탈을 했기 때문에 해적이라 불리게 되었다.

남극점에 최초로 도달한 사람은 누구일까?

노르웨이의 탐험가 로알 아문센이 1911년 남극점에 최초로 도달했다. 1909년 아문센은 북극점 횡단을 계획하고 준비를 하고 있었다. 하지만 아문센은 피어리가 1909년 4월에 북극점에 도달했다는 소식을 듣고 목표를 남극점으로 바꾸어 준비를 마친 뒤 1910년 6월에 노르웨이를 출발했다. 이후 아문센은 남극 근처에 기지를 설치하고 1911년 10월 20일에 4명의 동료와 52마리 개가 이끄는 썰매를 타고 남극을 향해 출발했다. 결국 그해 12월 14일에 남극점에 최초로 도달했다.

쿡의 주장은 어떻게 거짓으로 밝혀졌을까?

미국의 외과 의사이자 탐험가인 쿡은 1908년에 자신이 북극점에 도달했다고 주장했다. 하지만 1909년 최초로 북극점에 도달한 것으로 인정받고 있었던 미국의 탐험가 피어리가 쿡의 주장을 비난했다. 이후 쿡과 함께 북극점 등정에 참가했던 에스키모인 동료가 사실을 밝히면서 쿡의 주장은 거짓으로 밝혀졌다. 에스키모 인 동료는 쿡이 북극에서 남쪽으로 수백 km 이상 떨어진 곳에서 등정을 중단했고, 탐험 때 찍은 사진은 북극에서 멀리 떨어진 곳에서 찍은 것이라고 밝혔다.

남극과 북극의 청단 기술

최첨단 연구 기지인 세종 과학 기지

다음 날 국진 아저씨는 예담이와 은별이를 데리고 다니며 세종 과학 기지의 시설들을 소개했어요.

"세종 과학 기지는 대원들 복지 공간과 사무 공간이 있는 생활관동, 다양한 연구를 할 수 있는 여러 연구동, 기계동, 발전동 등 여러 개의 건물로 이루어져 있어. 모든 건물은 단열재가 두툼하게 들어 있는 벽으로 만들어졌지."

"그런데 저 건물은 왜 땅에서 떨어져 있어요?"

은별이가 생활관동을 가리키며 말했어요.

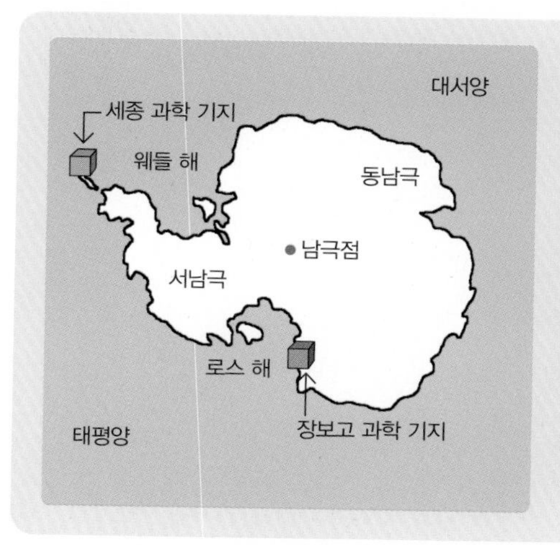

남극의 세종 과학 기지와 장보고 과학 기지
세종 과학 기지는 킹조지 섬과 넬슨 섬으로 둘러싸인 맥스웰 만 연안에 있다. 우리나라는 본격적인 남극 연구를 위해 1988년 2월에 세종 과학 기지를 건설했다. 장보고 과학 기지는 북빅토리아 랜드 테라노바 만 연안에 있다. 남극 중심부와 해안으로 접근성이 좋아 기후 변화와 지형 조사, 우주 과학 연구 등 다양한 연구가 가능하다. 우리나라는 세계에서 10번째로 남극에 두 개 이상의 연구 기지를 보유한 나라가 되었다.

"땅에서 올라오는 찬 공기를 직접 받지 않고, 눈이 건물 아래에 쌓이지 않게 하려고 생활관동이나 숙소동처럼 사람들이 주로 생활하는 건물은 땅에서 약 1.5m의 간격을 두고 지었어."

"우아! 그런 뜻이 있었네요. 아! 아침에 씻을 때 보니까 생각보다 물이 잘 나오던데, 물은 어디서 구하는 거예요?"

은별이가 최고라는 표시로 엄지를 **번쩍** 치켜들고 물었어요.

낮에 본 세종 과학 기지의 모습이다.

"세종 과학 기지 옆에는 눈이 녹은 물이 흘러들 수 있게 만든 인공 호수가 있어. 여름에는 이 호수에서 물을 끌어다 쓰고, 호수가 얼어붙는 겨울에는 바닷물을 사용해. 세종 과학 기지에는 바닷물을

세종 과학 기지
❶ 생활관동 ❷ 지질·지구 물리 연구동 ❸ 생물 해양 연구동 ❹ 숙소 1동 ❺ 숙소 2동
❻ 지자기 관측동 ❼ 고층 대기 관측동, 대기 빙하 연구동 ❽ (구)중장비 보관동 ❾ 유류 탱크
❿ 정비동 ⓫ 체련실, 식물 공장 ⓬ 목재 창고 ⓭ 기계동 ⓮ 잠수동 ⓯ 발전동
⓰ 보트 창고 ⓱ (신)중장비 보관동

염분이 없는 민물로 바꾸어 주는 담수기가 있어. 이 담수기를 하루 8시간을 가동하면 1대당 1,500L의 민물을 만들 수 있지."

"세종 과학 기지는 시설이 정말 잘되어 있나 봐요. 잘 때 추울까 봐 걱정했는데, 하나도 안 춥더라고요. 기지 안 난방은 어떻게 하는 거예요?"

추위를 많이 타는 예담이가 두 손에 입김을 호호 불며 말했어요.

"세종 과학 기지는 전기로 난방을 해. 기지 안에는 발전기와 예비 발전기가 있는데, 이 발전기들은 24시간 교대로 전기를 생산하지. 그리고 극야가 계속되는 겨울이 되면 대원들은 태양광과 비슷한 빛을 내는 라이트 박스에서 낮 시간에 의무적으로 30분 이상 이 빛을 쬐어야 해. 안 그러면 우울하고 무기력해질 수 있거든. 라이트 박스 덕분에 햇빛을 제대로 못

보는 겨울에도 건강하게 지낼 수 있단다."

예담이와 은별이는 마치 다른 세상에 온 것처럼 신기했어요. 국진 아저씨가 이번에는 커다란 컨테이너 건물 앞으로 아이들을 데리고 갔어요.

"이 건물은 정비동이야. 정비동에는 쓰레기를 태우는 소각기가 있어. 물론 남극 환경 조약에 따라 유독 가스를 내지 않는 가연성 쓰레기만 태울 수 있지. 쓰레기를 태운 다음 남은 재는 캔에 담아. 그리고 압축기로 캔을 압축해서 창고에 보관해. 캔은 매년 여름에 배에 실어서 남극 밖으로 보내지."

국진 아저씨는 예담이와 은별이를 기지 건물들이 모여 있는 곳에서 다소 떨어진 곳의 건물 앞으로 데리고 갔어요. 그 건물 위에는 반원 모양의 투명한 돔이 있었지요.

"세종 과학 기지에는 남극의 과학 관측을 위해 설치된 건물들과 장비들이 있어. 여긴 고층 대기 관측동인데, 태양광과 지구 대기권을 연구하는 시설과 장비들이 있어. 그리고 옆은 남극의 빙하 연구를 하는 대기 빙하 연구동이야"

아저씨는 오른쪽에 있는 멀리 보이는 건물을 가리키며 말을 이었어요.

"저기 보이는 건물이 지자기 관측동이야. 지자기 관측동에서는 지구가 가지는 자기의 변화를 측정하고 기록해."

"아저씨, 세종 과학 기지 말고 남극에 우리나라 기지가 또 있지요?"

성격 급한 은별이가 불쑥 끼어들었어요.

"그래, 우리나라는 남극 대륙 중심부로 진출하기 위해서 2014년 2월에 남극 대륙 동남부에 제2의 남극 기지인 '장보고 과학 기지'를 세웠어. 장보고 과학 기지에는 여러 가지 최첨단 기술들이 사용되었지. 눈이 쌓이지 않고, 강한 바람에도 버틸 수 있도록 기둥을 세운 다음 그 위에 유선형 건물을 지었어. 또 에너지를 절약할 수 있도록 버려지는 열을 재활용하고, 햇빛을 최대한 이용할 수 있는 친환경적 건물로 설계되었어."

"남극에 우리나라 과학 기지가 두 개나 있다니 대단해요! 아저씨, 북극에도 우리나라 과학 기지가 있나요?"

북극 하면 빠질 수 없는 예담이가 국진 아저씨에게 물었어요.

장보고 과학 기지

세종 과학 기지 대원들의 활동

해양 생태계 조사

생태 조사

야생 조류 조사

기상 관측

"있지. 그런데 북극 땅은 모두 주인이 있기 때문에 과학 기지를 세우려면 그 땅을 소유한 나라의 협조를 받아야 해. 우리나라는 노르웨이의 협조를 받아 2002년에 노르웨이 스발바르 제도의 스피츠베르겐 섬 니알슨에 '다산 과학 기지'를 세웠어. 우리나라는 세계에서 8번째로 남극과 북극에 모두 연구 기지를 보유한 나라가 됐지."

"다산 과학 기지에도 가 보고 싶은데……."

예담이의 말에 국진 아저씨가 **손사랫짓하며** 말했어요.

"북극 다산 과학 기지는 아무 때나 가면 안 돼. 세종 과학 기지와 달리 상주하는 사람이 없고, 연구가 필요할 때마다 연구원이 머무르면서 현장

북극 다산 과학 기지는 연구가 필요할 때만 연구원이 머무르며 연구를 하는데, 보통 6~9월에 대원들이 활동한다.

조사를 하고 있거든. 다산 과학 기지에서는 주로 북극의 기후 변화와 해양 환경, 북극 자원에 대한 연구를 하고 있지."

국진 아저씨는 북극 다산 과학 기지도 남극 세종 과학 기지와 마찬가지로 미생물 연구 장비, 고층 대기 물리 관측 장비, 지열 장비 등 다양한 시설과 장비가 있다는 것을 설명해 주었어요. 또 북극 다산 과학 기지가 있는 니알슨은 원래는 탄광촌이었는데, 지금은 북극 환경 연구를 위해 국제 기지촌으로 운영되고 있다고 했어요. 예담이는 국진 아저씨에게 북극 이야기를 들을수록 북극에 더욱 가 보고 싶어졌어요.

채소를 키울 수 있는 식물 공장

예담이는 하루 종일 이곳저곳을 누비고 다녔더니 배가 많이 고팠어요.

"아저씨, 오늘 저녁 메뉴는 뭐예요?"

"오늘은 삼겹살 파티야."

"우아, 내가 제일 좋아하는 삼겹살이다!"

그런데 예담이가 갑자기 걱정스러운 표정이 되었어요.

"아저씨, 남극에 상추는 없죠? 삼겹살은 상추에 싸 먹어야 맛있는데……."

국진 아저씨는 옅은 미소를 띠며 말했어요.

"걱정 마, 신선한 상추랑 깻잎을 실컷 먹을 수 있어."

"예? 세종 과학 기지에 비닐하우스라도 있는 거예요?"

놀라는 예담이의 머리를 쓰다듬으며 국진 아저씨가 말했어요.

"남극에는 비닐하우스가 아닌 '식물 공장'이 있어."

"식물 공장요?"

예담이와 은별이가 못 믿겠다는 표정을 짓자 국진 아저씨는 아이들을 데리고 식물 공장으로 갔어요.

"여기가 식물 공장이야. 이곳에서 채소와 새싹을 재배해."

"이곳에서 어떻게 채소를 재배해요?"

예담이와 은별이가 호기심 어린 눈으로 식물 공장 안을 살펴보았어요.

"식물 공장은 외부와 차단된 공간에 인공적으로 이산화탄소를 넣고, 공기 조절기로 적정 온도를 유지해. 또 흙 대신 양분이 포함된 배양액을, 태양광 대신에 LED와 형광등을 조합한 인공조명을 사용해 식물을 재배해.

세종 과학 기지의 식물 공장 모습이다. 식물에게 필요한 것들이 내부의 자동화 시스템에 의해 전달된다.

그래서 계절이나 기후에 구애받지 않고 언제 어디서나 식물을 키울 수 있어서 원할 때 신선한 채소를 먹을 수 있지. 요즘에 기후 변화로 많은 나라에서 식량 생산이 줄어들고 있어서 식물 공장은 주목을 받고 있어. 과학자들은 식물 공장이 미래에 중요한 산업으로 성장할 거라고 믿고 있지. 그래서 세계 각국은 이 식물 공장 기술을 개발하기 위해 치열한 경쟁을 벌이고 있어."

"그런데 세종 과학 기지에 식물 공장은 언제 만든 거예요?"

"2010년에 컨테이너형 식물 공장을 세웠어. 컨테이너 벽에 우레탄을 두껍게 붙여 열이 쉽게 나가지 않도록 하고, 온도와 습도를 자동으로 조절할 수 있는 장치를 달았지. 또 식물의 종류와 상태에 따라 빛의 양을 조절할 수 있는 장치도 있고, 공간을 절약하기 위해 식물을 재배하는 곳을 3층으로 만들었어. 양분과 수분이 자동으로 정해진 시간에 정해진 양만큼 식물에 공급되고 있지."

얼음 바다를 가르는 쇄빙선 아라온호

며칠 후, 세종 과학 기지 부두 앞에 많은 연구원들이 나와 있었어요. 기지로 물품을 실어 나르는 배가 들어왔기 때문이에요. 예담이와 은별이도 일손을 돕기 위해 나왔지요. 부두 앞바다에는 커다란 배 한 척이 떠 있었어요.

"저 배는 얼음이 떠 있는 바다를 뚫고 오기가 얼마나 힘들었을까?"

예담이가 혼잣말로 중얼거리는 걸 국진 아저씨가 듣고 말했어요.

"남극이나 북극 바다에서는 배들이 얼음에 막혀 앞으로 못 나아가거나 꽁꽁 언 얼음 바다에 갇히는 사고가 일어날 수 있어. 그래서 19세기 중엽부터 사람들은 얼음 바다에서 얼음을 깨며 앞으로 나아갈 수 있는 쇄빙선을 만들려고 했지. 초기의 쇄빙선은 기술이 별로 발달하지 못해서 아주 얇은 얼음만 부술 수 있었어. 하지만 오늘날에는 약 3m 두께의 두꺼운 얼음도 부수면서 항해할 수 있는 쇄빙선과 초대형 쇄빙선도 등장했어."

"그럼 저 배가 쇄빙선이에요? 보통 배처럼 보여요."

"응, 저 배는 쇄빙선이야. 쇄빙선은 일반 배와 다른 몇 가지 특징이 있어. 얼음을 깨면서 앞으로 나아가기 때문에 같은 크기의 일반 배보다 몇 배나 더 힘이 센 엔진을 가졌지. 얼음과 부딪혀도 안전하도록 배 앞부분은 다른 배보다 훨씬 두꺼운 강철판으로 만들어졌고, 얼음 위로 쉽게 올라탈 수 있도록 배 위에서 아래로 경사가 진 모습이야."

"왜 쇄빙선은 얼음에 올라타요?"

은별이가 궁금하다는 듯이 재빨리 질문했어요.

"쇄빙선은 두꺼운 얼음을 만나면 얼음 위로 올라탄 다음 무게로 눌러 얼음을 깨거든. 그래서 쇄빙선은 같은 크기의 다른 배보다 훨씬 무겁고, 배의 무게 중심을 옮길 수 있는 장치가 달려 있어."

국진 아저씨는 집중하고 있는 예담이와 은별이를 바라보며 계속 말을 이었어요.

"쇄빙선 옆면에는 물이나 공기를 뿜는 분사 장치가 달려 있어. 부서진 얼

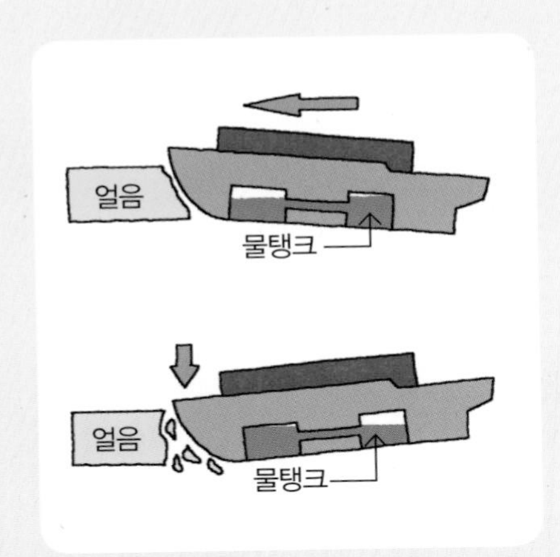

쇄빙선은 얼음 위에 올라탈 때 물탱크에 있는 물을 뒤쪽으로 많이 보내서 앞부분을 가볍게 한 뒤 얼음 위에 올라탄다. 그런 다음 물을 앞쪽으로 많이 보내서 쇄빙선의 앞부분을 무겁게 하여 그 무게로 얼음을 깬다.

쇄빙선은 물탱크의 물을 좌우로 보내서 3.5°씩 좌우로 기울일 수 있는 기능이 있다. 이 기능을 이용해서 쇄빙선이 얼음에 파묻혔을 때 물탱크의 물을 좌우로 보내 쇄빙선을 흔들어 얼음을 깰 수 있다.

음 조각이 배 옆면과 부딪히면 쇄빙선이 전진하는 데 큰 방해가 되기 때문에 이 분사 장치가 얼음 조각들을 배 옆면에 닿지 않게 해 주지."

"쇄빙선은 정말 첨단 기술이 필요해서 아무 나라나 만들 수 없겠어요."

은별이가 쇄빙선에서 눈을 떼지 못하며 말했어요.

"맞아. 쇄빙선은 1950년대 이전에는 북극 바다와 접해 있는 나라들이 주로 만들었어. 하지만 1960년대부터 세계 각국이 남극에 연구 기지를 세우면서 쇄빙선을 연구 목적으로 만들기 시작했지. 우리나라도 2009년에 최첨단 쇄빙선인 '아라온호'를 만들었어."

"그럼 저 배가 아라온호예요?"

예담이가 바다에 있는 배를 가리켰어요.

"응, 맞아. 아라온호에는 쇄빙선의 기본 장치 외에 더 많은 첨단 기술이 사용되었어. 아라온호는 다른 배들과는 달리 소음과 진동이 적은 전기 모터로 움직여. 그렇다고 힘이 약한 건 아니야. 보통 배보다 4~5배 강한 힘을 낼 수 있지. 배의 강철판 아래에는 영하 40℃의 환경에서도 견딜 수 있도록 열선이 깔려 있어. 뱃머리는 날카로운 칼날처럼 생겨서 얼음 위로 올라가면 얼음을 더 쉽게 부술 수 있지."

국진 아저씨는 아라온호를 보며 말을 계속 이었어요.

"아라온호는 배 뒤쪽에 원하는 방향으로 360° 회전시킬 수 있는 추진 장치가 있고, 배 앞쪽에도 추진 장치가 달려 있어. 이 장치들을 이용해서 제자리에서 360° 회전하여 오던 길을 되돌아갈 수도 있어."

아라온호는 총길이 111m, 폭 19m, 최고 속도 시속 30km의 쇄빙선이다.

세포를 지키는 결빙 방지 물질

다음 날, 국진 아저씨와 아이들은 기지 밖으로 나왔어요. 국진 아저씨는 바닷물 속 미생물 조사를 위해 작은 통에 바닷물을 담았지요.

이때, 물고기 한 마리가 물 밖으로 뛰어올랐어요. 그 모습을 본 예담이가 신기해하며 말했어요.

"차가운 남극 바다에 사는 물고기를 직접 보니까 신기해!"

"그러게. 피하 지방도 없고, 털도 없는데 차가운 물속에서 잘도 지내네."

이야기를 듣던 국진 아저씨가 아이들 옆으로 바짝 다가왔어요.

"극지 바다에 사는 물고기의 몸속에는 특수한 물질이 있어서 괜찮아."

국진 아저씨가 바닷물이 담긴 통을 보여 주며 말을 계속 이었어요.

"극지 바다에 사는 생물들 몸에는 바로 '결빙 방지 물질'이라는 특수한 물질이 있어. 과학자들은 이 결빙 방지 물질에 관심이 많아. 의료계나 생명 공학계에서는 생체 조직이나 혈액, 세포 등을 오랫동안 보관하기 위

해서 보통 냉동 보관을 하는데, 냉동 보관했던 생체 조직이나 세포들은 녹으면서 큰 손상을 입어 못 쓰게 되는 경우가 많아. 하지만 결빙 방지 물질을 이용하면 생체 조직이나 세포들을 손상 없이 냉동 보관할 수 있어. 헌혈한 혈액을 오래 보관하거나, 추위에 강한 농작물도 만들 수 있지. 그런데 생물체의 몸에서 만들어진 결빙 방지 물질은 양이 무척 적고 뽑기가 힘들어서 그 대신 과학자들은 결빙 방지 물질을 만드는 유전자 연구를 하고 있어."

"우아, 진짜 신기해요. 그런데 아저씨, 오늘은 팽구 안 만나요?"

국진 아저씨는 팽구를 보고 싶어 하는 아이들을 데리고 펭귄들이 모여 사는 해변으로 갔어요.

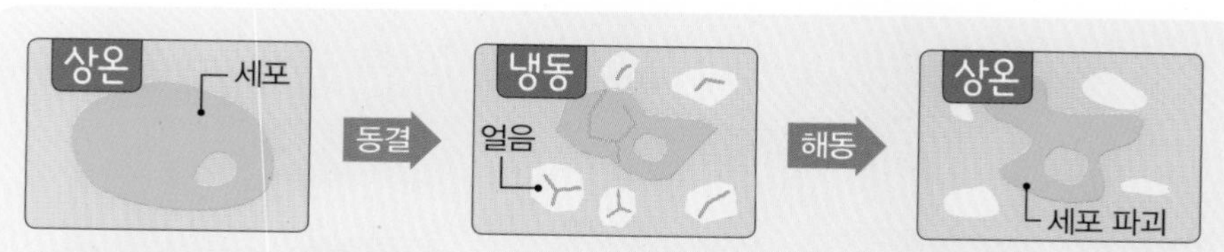

세포를 그냥 얼리고 녹였을 때

세포는 동결할 때 얼음 결정이 커지면서 눌리거나 찢어질 수 있고, 해동되면서 작은 얼음들이 뭉쳐 찢어지거나 눌릴 수 있다.

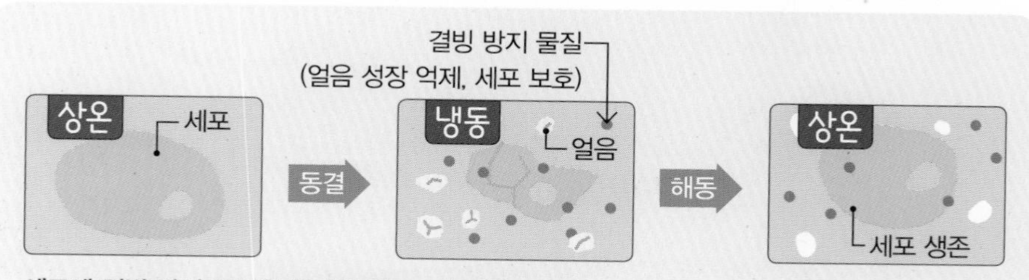

세포에 결빙 방지 물질을 첨가해 얼리고 녹였을 때

결빙 방지 물질은 세포가 동결할 때 얼음 결정이 커지지 못하게 막아 주고, 해동되면서 얼음들이 뭉치는 것을 막아 준다.

국진 아저씨의 태블릿 노트

빙하를 아프리카로!

남극이나 북극에 가면 바다 위를 떠다니는 엄청난 크기의 빙산을 볼 수 있어요. 빙산은 짜지 않아서 녹이면 우리가 마실 수 있는 물이 됩니다. 북극과 남극에서는 해마다 수백만 t(톤)에서 수천만 t에 이르는 빙산이 10,000개나 빙하에서 떨어져 나와 바다 위를 떠다니다가 녹는다고 해요.

700만 t 규모의 작은 빙산 한 덩어리를 녹이면 55만 명이 1년 동안 먹을 수 있는 물이 나와요. 아마 이런 빙산을 몇 개만이라도 아프리카로 옮기면 물이 부족해서 고생하는 아프리카 사람들의 갈증을 풀어 줄 수 있을 거예요. 그래서 과학자들은 북극 바다에 떠다니는 빙산을 아프리카로 옮기려는 연구를 하고 있지요. 연구 결과에 의하면 배 두 척이 해류의 힘을 이용하여 그물로 빙산이 움직이는 방향만 조정하면서 이동하면 약 141일 만에 아프리카에 도착할 수 있고, 아프리카까지 오는 동안 전체 빙산의 38%만 녹는다고 해요.

연구가 계속 진행되고 기술이 발전하면, 머지않아 북극의 빙산이 아프리카의 물 부족 문제를 해결해 줄 날이 올 거예요. 이렇게만 된다면 물 부족뿐만 아니라 빙산에서 나오는 냉기로 아프리카의 더위도 날릴 수 있지 않을까요?

남극 세종 과학 기지는 어디에 있을까?

A | 세종 과학 기지는 남극에 있는 킹조지 섬과 넬슨 섬으로 둘러싸인 맥스웰 만 연안에 있다. 세종 과학 기지가 있는 곳은 서울에서 약 17,240km 떨어진 곳이다. 이 거리는 서울에서 부산까지 거리의 38배가 넘는다.

우리나라는 남극에 1988년 2월 세종 과학 기지를 건설하고 본격적인 남극 연구를 시작했다. 세종 과학 기지에는 매년 약 18명의 연구 대원이 1년간 머물면서 여러 가지 극지 연구를 수행하고 있다.

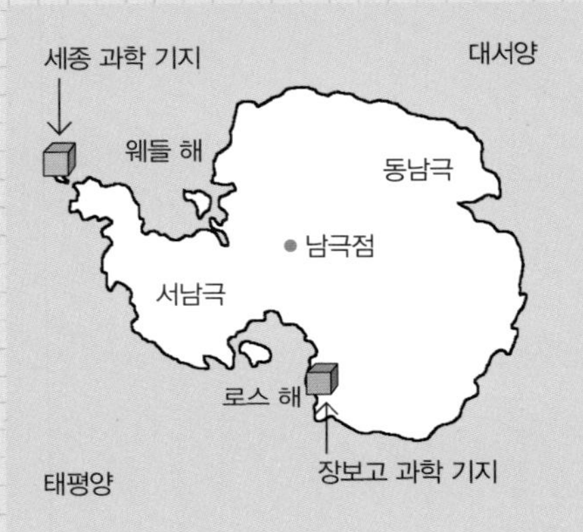

쇄빙선은 어떤 특징이 있을까?

쇄빙선은 바다 위에 떠 있는 얼음을 깨뜨릴 수 있어서 얼음이 있는 바다에서도 안전하게 항해할 수 있는 배를 말한다. 그래서 쇄빙선은 남극 대륙 주변과 북극해처럼 얼음이 떠 있는 바다를 항해하려면 반드시 필요하다. 쇄빙선은 얼음을 깨고 나아가야 하기 때문에 일반적인 배와 비교하여 더 튼튼하고 엔진의 힘이 좋다. 또한 얼음에 부딪혀도 부서지지 않도록 배의 외벽이 매우 두꺼운 철판으로 되어 있다.

북극에는 얼마나 많은 나라의 연구 기지가 있을까?

북극에 여러 나라의 연구 기지가 있는 곳은 스피츠베르겐 섬의 니알슨이라는 곳이다. 이 지역은 원래 탄광촌이었는데 현재는 북극 환경 연구를 위해 국제 기지촌으로 사용되고 있다. 기지촌에는 우리나라의 다산 과학 기지를 포함하여 노르웨이, 영국, 독일, 프랑스, 네덜란드, 스웨덴, 일본, 이탈리아, 중국 등 10개국의 연구 기지가 있다. 다산 과학 기지의 건물은 프랑스와 공동으로 사용하고 있으며, 남극 연구 기지와 달리 상주하는 연구원이 없다. 연구해야 할 사항이 있을 때만 일정 기간 머물면서 현장을 조사한다.

장보고 과학 기지는 어떤 역할을 할까?

우리나라는 남극에 두 개의 과학 기지가 있다. 1988년 세종 과학 기지를 건설한 뒤, 2014년에는 장보고 과학 기지를 설립했다. 장보고 과학 기지의 설립으로 우리나라는 세계에서 열 번째로 남극에 두 개 이상의 연구 기지를 가지고 있는 국가가 되었다.

장보고 과학 기지는 남극 대륙의 중심부로 진출하기 위해 설립되었다. 그래서 남극 중심부와 해안으로 진출하기 좋은 지리적 특징을 활용하여 기후 변화 연구, 지형과 지질 연구, 우주 과학 연구 등 다양한 연구를 수행하고 있다.

빙하와 빙산의 비밀

물속에 잠긴 빙산의 크기

국진 아저씨는 해변에 펭귄 무리가 보이자 카메라를 꺼내 열심히 사진을 찍고, 노트에 기록했어요. 아저씨가 펭귄 조사를 하러 자리를 비웠고, 아이들은 팽구를 찾는 걸 잠시 잊고 멋진 남극 바다의 경치를 감상했지요.

"남극에는 거대한 빙산만 있는 줄 알았는데, 작은 빙산도 있네."

은별이가 바다 위에 떠 있는 빙산을 가리키며 말했어요.

"그렇지 않을 거야. 빙산의 일각이란 말이 있잖아. 빙산은 물 위에 드러난 부분보다 물속에 잠긴 부분이 훨씬 크대."

예담이가 고개를 가로저으며 말했지요.

"그래? 그럼 저 빙산은 물속에 잠겨 있는 부분이 얼마나 될까?"

이때, 아이들 뒤에서 낯익은 목소리가 들렸어요.

"물속에 잠긴 빙산이 어느 정도인지 알려면 '비중'을 알아야 해."

팽구가 미소를 지으며 아이들 뒤에 서 있었지요. 은별이와 예담이

는 활짝 웃으며 팽구에게 인사를 했어요.

"팽구야, 널 한참 찾았어!"

"엄청 보고 싶었다고!"

팽구는 인사를 하고 예담이와 은별이에게 비중에 대해서 이야기했어요.

"고체와 액체의 비중은 물을 기준으로 정해. 어떤 물질의 질량과 그것과 같은 부피의 물의 질량과의 비율이 비중이야."

팽구는 아이들에게 천천히 설명을 계속 이어 나갔어요.

"이때, 물의 비중을 1로 정하고 그것을 기준으로 물질의 비중을 정해. 물 1L의 질량은 1kg이야. 알루미늄 1L의 질량이 2.7kg이니까 물의 비중을 1이라고 했을 때 알루미늄의 비중은 2.7이 되지."

$$\text{알루미늄의 비중} = \frac{\text{알루미늄 1L의 질량}}{\text{물 1L의 질량}} = \frac{2.7(\text{kg})}{1(\text{kg})} = 2.7$$

"흑, 복잡해."

"그래. 너희에게는 아직 어려운 개념이야. 그냥 들어 둬. 마찬가지로 코르크 마개를 만드는 코르크의 비중을 구하면, 코르크 1L의 질량은 0.24kg이니까, 비중은 0.24야."

$$\text{코르크의 비중} = \frac{\text{코르크 1L의 질량}}{\text{물 1L의 질량}} = \frac{0.24(\text{kg})}{1(\text{kg})} = 0.24$$

"그게 물속에 잠긴 빙산의 부분과 무슨 상관이야?"

은별이는 고개를 갸웃거리며 물었어요.

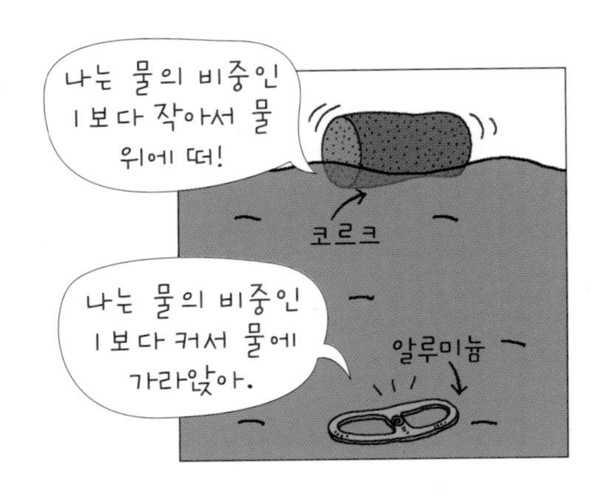

"물체의 비중이 물의 비중인 1보다 크면 물속에 가라앉고, 1보다 작으면 물 위에 뜨거든. 그래서 알루미늄은 물속에 가라앉고, 코르크는 물 위에 떠. 그런데 코르크는 비중이 0.24이기 때문에 코르크의 24%만 물속에 잠기고 나머지 76%는 물 위로 드러나지."

"아하! 그럼 빙산의 비중을 알면 빙산이 물속에 얼마만큼 잠겨 있는지 알 수 있겠네."

"그렇지. 얼음 1L의 질량은 0.92kg으로 얼음의 비중은 물보다 작아. 따라서 얼음은 전체의 92%가 물속에 잠겨 있고 나머지 8%만 물 위로 드러나 있지. 빙산의 크기는 보이는 것의 약 10배가 넘는다는 거야."

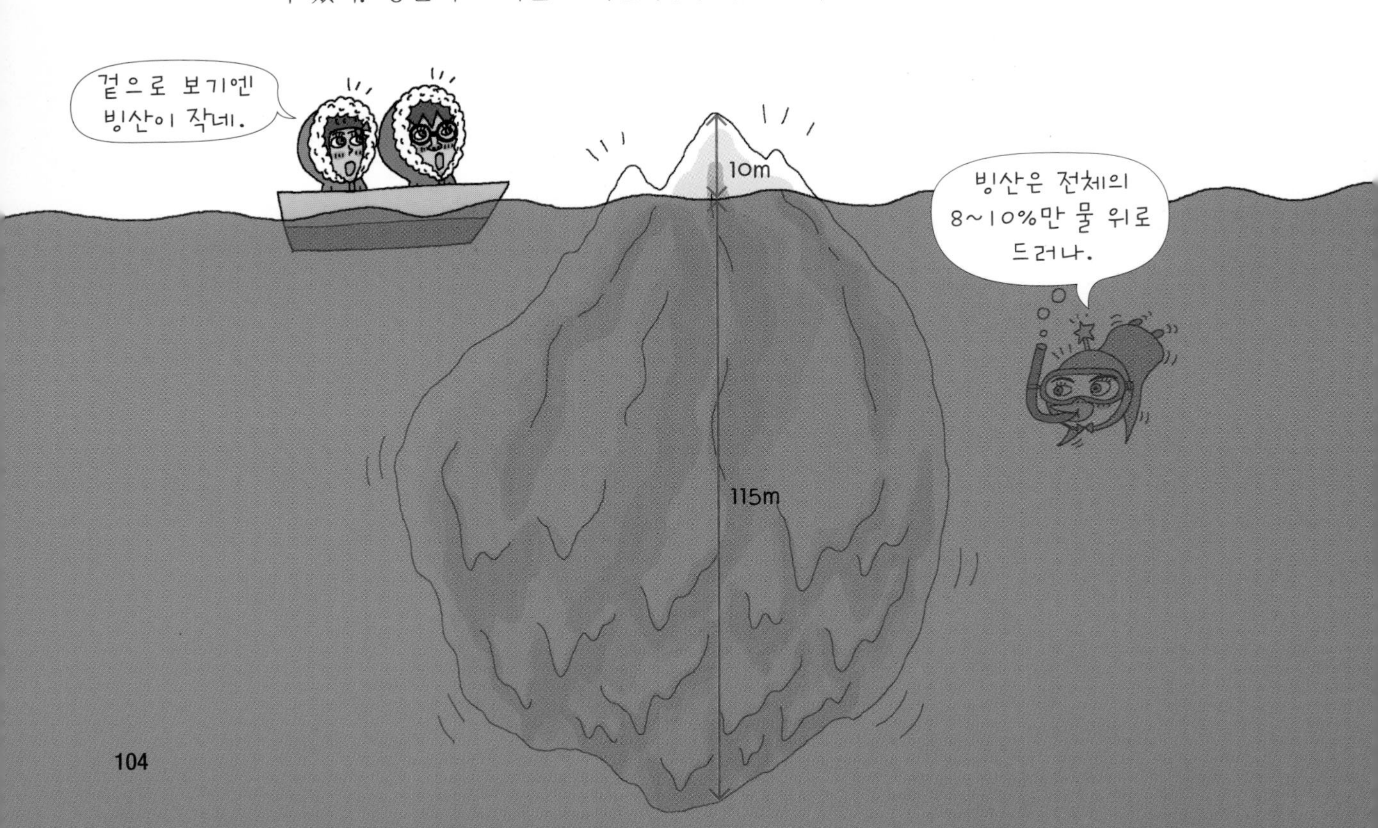

"그럼 저 빙산은 물속에 잠긴 부분이 얼마나 되는 걸까?"

은별이는 눈을 동그랗게 뜨고 **바다에 떠 있는 빙산을** 가리켰어요.

"계산해 보자. 저 빙산은 물 위로 드러난 부분이 약 10m쯤 되네. 얼음은 전체의 8%가 물 위로 드러난다고 했지? 물 위로 드러난 부분 10m가 전체 빙산 크기의 8%일 때, 물속에 잠긴 부분인 92%를 구하면……."

팽구는 열심히 계산했어요.

물속에 잠긴 빙산 부분 구하기

➡ 물 위로 드러난 빙산 비율 : 물 위로 드러난 빙산 부분 = 물속에 잠긴 빙산 비율 : 물속에 잠긴 빙산 부분

➡ 8% : 10m = 92% : 물속에 잠긴 빙산 부분

➡ 물에 잠긴 빙산 부분 $= \frac{92(\%) \times 10(m)}{8(\%)} = \frac{920}{8} = 115$

"물속에 잠긴 부분이 115m는 되겠네."

"**우와,** 바닷속에 115m의 빙산이 숨어 있다고?"

예담이와 은별이는 놀라서 벌린 입을 다물지 못했어요.

"응, 하지만 비중은 온도와 압력 등에 따라 조금씩 달라지기 때문에 아주 정확한 수치는 아니야. 그리고 빙산은 일반적인 얼음보다 공기가 더 많이 들어 있어서 물 위로 더 많이 떠."

빙산을 녹인 물의 양

"바닷속에 잠긴 부분까지 생각하면 빙산은 어마어마하게 크구나!"

은별이는 두 팔을 쫙 벌렸어요.

"지금까지 알려진 가장 큰 빙산은 B-15라는 빙산이야. 2000년 3월에 남극의 로스 빙붕에서 떨어져 나온 빙산인데, 너비가 약 37km, 지름이 약 295km나 됐어."

팽구는 으쓱하며 말했지요.

"295km라면 서울에서 대구까지의 거리와 비슷하잖아. 우아, 정말 크다!"

예담이는 두 눈이 휘둥그레졌어요.

"그래. 우리나라 제주도를 6개 합한 것보다 넓어. 그런데 빙산은 바다를 항해하는 배에게는 아주 위험한 존재야. 물속에 얼마나 잠겨 있는지 알 수 없으니, 배가 빙산 근처를 지나갈 때는 매우 조심해야 해. 배와 빙산이 부딪히면 배가 가라앉기도 하거든."

"맞아. 타이타닉호가 빙산이랑 충돌해서 가라앉았지?"

예담이는 타이타닉호 사건이 떠올랐어요.

"응, 타이타닉호는 1912년에 빙산과 충돌해서 약 1,500명이 죽었어. 빙산이 얼마나 위험한지 잘 말해 주는 사고야."

"그렇게 큰 빙산을 녹여 물로 쓰면 좋겠다."

"맞아. 빙산 B-15를 녹이면 전 세계 인류가 하루에 1L씩 1,300년을 마실 수 있는 양의 물이 나온대. 전 세계 인구가 70억 명이니까 물의 양이 총 얼마나 될까?"

팽구의 질문에 예담이가 자신 있게 말했어요.

"내가 계산해 볼게!"

예담이는 수첩에 적어 가며 열심히 계산했어요.

전 세계 인류가 하루에 1L씩 1,300년간 마실 수 있는 물의 양

- **하루에 전 세계 인류가 마시는 물의 양:**
  인구수×1L=7,000,000,000(명)×1(L)=7,000,000,000(L)
- **1년 동안 전 세계 인류가 마시는 물의 양:**
  하루에 마시는 물의 양×365일=7,000,000,000(L)×365(일)=2,555,000,000,000(L)
- **1,300년 동안 전 세계 인류가 마시는 물의 양:**
  1년에 마시는 물의 양×1,300년=2,555,000,000,000(L)×1,300(년)=3,321,500,000,000,000(L)

"어휴, 복잡한 계산을 뭘 그렇게 열심히 하는 거야."

은별이가 옆에서 볼멘소리를 했어요.

"다 했다. 전 세계 인류가 하루 1L씩 1,300년간 마실 수 있는 물은 3천조 L가 넘어."

"맙소사! 3천조 L라고? 빙산 B-15를 녹이면 어마어마한 양의 물이 되는구나."

은별이는 혀를 내둘렀어요.

녹고 있는 남극과 북극의 빙하

"그런데 남극의 빙하가 빠른 속도로 녹고 있어서 큰일이야."

팽구는 한숨을 내쉬었어요. 그리고 어두운 표정으로 말했어요.

"지난 100년 동안 지구의 온도가 평균 0.6℃ 올랐다면, 남극의 온도는 평균 2.5~2.6℃나 올랐어. 그래서 남극의 빙하가 빠른 속도로 녹아서 빙하나 빙붕에서 거대한 얼음이 부서지고 떨어져 나가는 일이 자주 일어나고 있어. 이 빙산들은 바다를 떠돌다가 녹아서 바닷물과 섞여."

"남극의 빙하가 모두 녹으면 어떻게 될까?"

은별이가 호기심 어린 눈빛으로 말했어요.

"남극의 빙하는 전 세계 담수의 약 70%를 저장하고 있어. 담수는 염분이 없는 물이야. 만약 남극에 있는 빙하가 모두 녹으면 전 세계 바닷물의 높이가 약 50~60m 정도 높아질 거야."

펭구의 말에 은별이와 예담이가 깜짝 놀랐어요.

"그럼 전 세계의 해안 도시들이 모두 물에 잠기게 돼. 상상만 해도 정말 끔찍해."

"남극도 문제이지만 북극도 굉장한 문제야."

어느새 일을 마친 국진 아저씨가 와서 이야기를 했어요.

"1980년부터 2007년까지 북극 바다의 얼음 면적은 꾸준히 줄어들었어. 특히 여름철 바다의 얼음 면적은 1980년에는 780만 km², 1990년에는 620만 km², 2000년에는 630만 km², 2007년에는 425만 km²로 감소하고 있어. 여름철 얼음 두께도 지난 30년간 평균 40%나 줄었어. 이대로 가면 2050년 여름에는 북극의 바다 얼음이 모두 녹아 버릴지도 몰라."

"혀, 북극의 얼음이 모두 녹아 버리면 북극곰이 살 곳이 없잖아요."

예담이가 울상을 지었어요.

"그래, 심각한 문제지. 북극의 그린란드는 녹고 있는 빙하의 면적이 갈수록 넓어져서 2002년에는 그 넓이가 1979년보다 16%나 늘었어. 또 2012년 여름에는 그린란드를 덮고 있는 빙하 표면의 97%가 녹았고, 북극의 알래스카와 캐나다 서부 지역에 있는 빙하들도 빠르게 녹고 있어."

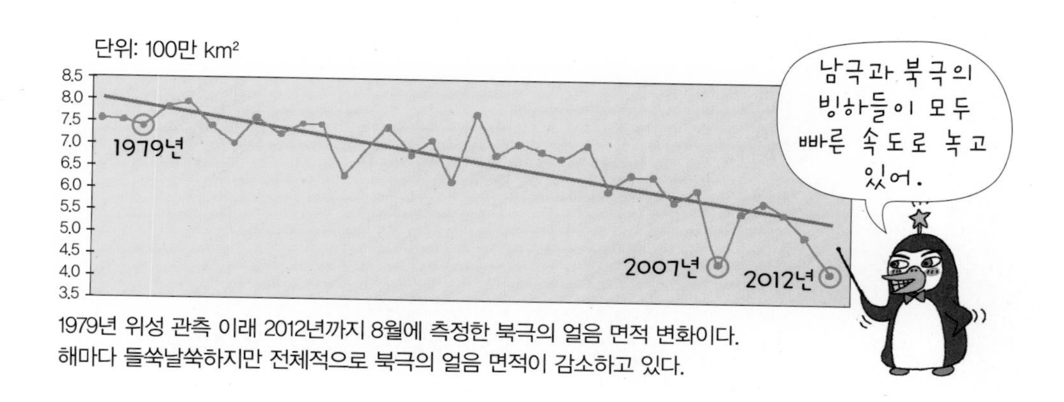

1979년 위성 관측 이래 2012년까지 8월에 측정한 북극의 얼음 면적 변화이다. 해마다 들쑥날쑥하지만 전체적으로 북극의 얼음 면적이 감소하고 있다.

"그런데 지구의 온도가 왜 올라가는 거예요?"

"지구 온난화 때문이야. 지구 온난화는 남극과 북극에 있는 빙하를 녹이거든. 남극과 북극의 빙하가 녹으면서 지난 100년 동안 바닷물의 높이가 약 10~20cm나 올라갔어. 지금과 같은 추세로 지구 온난화가 계속된다면, 100년 뒤에는 바닷물의 높이가 약 50~90cm 더 높아질 거야."

국진 아저씨의 말이 끝나자 은별이가 기다렸다는 듯이 물었어요.

"지구 온난화 때문에 일어나는 일이 또 있어요?"

"응, 지구 온난화 때문에 바닷물의 온도가 올라가는데, 바닷물은 온도가 올라가면 열팽창이 일어나. 열팽창은 온도가 올라가면 기체나 액체의 부피가 커지는 현상이야. 물은 온도가 1℃ 올라가면 부피가 약 0.01% 팽창해. 바다는 대륙으로 막혀 있기 때문에 열팽창이 일어나면 해수면이 상승하게 되지. 자, 그럼 아저씨가 퀴즈를 하나 낼게. 바닷물의 깊이가 4,000m라면, 온도가 1℃ 올라갔을 때 해수면은 몇 cm 상승할까?"

예담이와 은별이가 골똘히 생각하는 동안 팽구가 계산을 시작했어요.

북극은 남극보다 얼음이 빨리 녹고, 늦게 얼 뿐만 아니라 얇게 얼어서 점점 북극곰이 살기 어려워지고 있다.

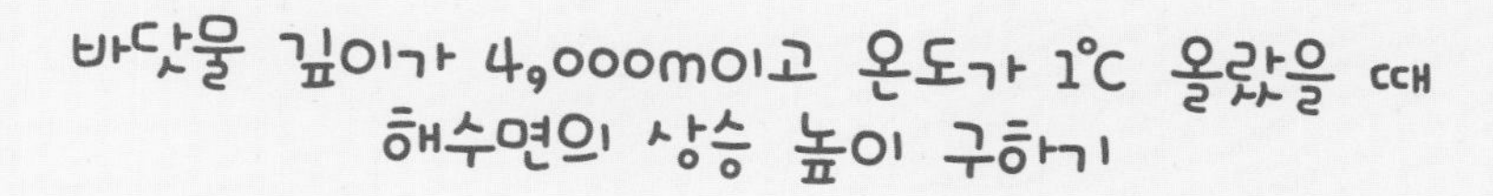

➡ 온도가 1℃ 올라갈 때 0.01% 팽창한다면 0.01%는 $\frac{1}{10000}$ 이므로

$4,000(\text{m}) \times \frac{1}{10000} = 0.4(\text{m})$, 0.4m는 40cm

"정답! 40cm가 상승해."

"역시! 팽구는 아는 것도 많은데 수학도 잘하네."

모두가 팽구에게 엄지를 치켜세웠어요. 팽구가 아이들에게 말했어요.

"지구 온난화는 지구의 환경을 파괴하기 때문에 에너지를 절약하고, 기후 변화에 대처하는 등 많은 노력이 필요해. 앞으로 너희들이 지구 온난화를 막기 위해 도와줄 거지?"

예담이와 은별이가 고개를 끄덕이며 팽구에게 반드시 그렇게 하겠다고 약속했어요.

국진 아저씨와 아이들이 기지로 갈 채비를 하자 팽구가 아쉬워했어요.

"너희들, 이틀 후에 집으로 돌아간다며? 이제 다시는 못 만나겠네."

"떠나기 전에 다시 올게."

예담이와 은별이는 아쉬움을 뒤로하고 기지로 향했어요. 예담이와 은별이는 기지로 가면서 자꾸 뒤를 돌아봤어요. 팽구가 그 자리에 서서 계속 손을 흔들고 있었기 때문이에요. 어쩐지 팽구의 얼굴이 슬퍼 보였어요.

국진 아저씨의 태블릿 노트

빙하 코어 연구

빙하는 해마다 내린 눈이 아주 오랫동안 겹겹이 쌓이고 다져져 만들어졌어요. 그래서 빙하의 아랫부분일수록 더 오래전에 내린 눈이 쌓인 거예요. 그래서 과학자들은 아주 먼 과거에 내린 눈을 조사하기 위해서 빙하에 파이프로 길게 구멍을 뚫어 긴 원기둥 모양의 얼음을 캐내요. 이렇게 빙하에서 캐낸 얼음 조각을 '빙하 코어'라고 불러요.

지금까지 남극에서 캐낸 빙하 코어에서 발견된 가장 오래된 얼음은 약 80만 년 전의 것인데 약 100만 년 전의 얼음도 있을 거라고 추정되기 때문에 계속 빙하 코어를 캐내고 있어요.

과학자들은 빙하 코어를 통해서 먼 옛날부터 지금까지 지구의 기후가 어떻게 변해 왔는지 밝혀냈어요. 또 빙하는 눈 입자 사이에 있던 공기가 그대로 갇혀서 만들어지기 때문에 빙하 얼음에는 과거의 공기를 담은 공기 방울이 많이 있어요. 이 공기 방울에는 온갖 종류의 먼지들이 섞여 있는데, 이것을 조사하면 과거 지구의 환경이 어땠는지 추측할 수 있답니다. 그래서 빙하 코어를 분석해 보면 빙하의 생성 시기와 계절 변화를 알 수 있고, 과거 어느 때에 큰 화산 폭발이 있었는지, 당시에 번성했던 식물이 무엇이었는지 등을 알아낼 수 있다고 해요.

그리고 빙하 코어를 통해서 해마다 지구에 얼마나 많은 유성이 떨어지는지도 연구했어요. 빙하 얼음 속에는 '이리듐'과 '백금' 성분이 들어 있는데 이 성분들은 지구에는 별로 없고 지구 밖의 유성이나 소행성에 많이 들어 있지요. 그래서 빙하 코어에 있는 이리듐과 백금의 양을 분석하여 1년에 적게는 1만 4천 t, 많게는 7만 8천 t의 우주 물질이 지구에 떨어진다는 것을 밝혀냈어요.

밝혀진 팽구의 정체

예담이는 기지로 돌아와 따뜻한 물로 샤워를 했어요. 예담이는 하수구로 들어가는 비눗물을 보자 팽구와 한 약속이 떠올랐지요. 그래서 샤워를 마치고 바로 국진 아저씨를 찾아갔어요.

"아저씨, 기지에서 나오는 더러운 물은 어떻게 해요?"

"모았다가 더러운 물을 깨끗하게 해 주는 오수 처리기로 정화한 후에 바다로 내보내."

"아, 기지에선 일 년에 오수가 얼마나 나와요?"

"여름에는 하루에 약 9t, 겨울에는 하루에 약 3t의 생활 오수가 나와. 일 년의 반은 하루 9t, 나머지 반은 하루 3t으로 해서 네가 계산해 볼래?"

"네. 한 달은 그냥 30일로 계산할게요."

예담이는 중얼거리며 계산을 했어요.

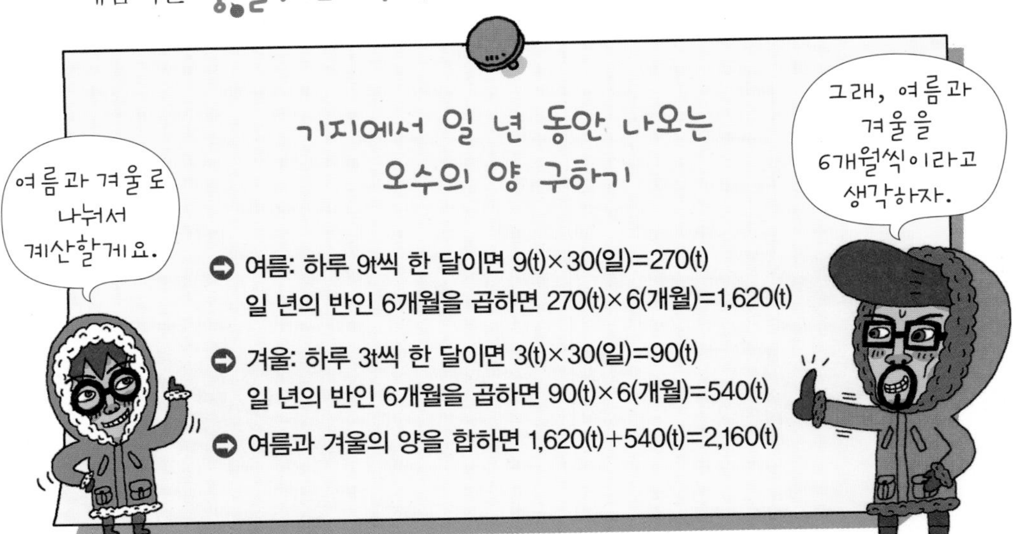

기지에서 일 년 동안 나오는 오수의 양 구하기

- 여름: 하루 9t씩 한 달이면 9(t)×30(일)=270(t)
  일 년의 반인 6개월을 곱하면 270(t)×6(개월)=1,620(t)
- 겨울: 하루 3t씩 한 달이면 3(t)×30(일)=90(t)
  일 년의 반인 6개월을 곱하면 90(t)×6(개월)=540(t)
- 여름과 겨울의 양을 합하면 1,620(t)+540(t)=2,160(t)

"일 년 동안 기지에서 나오는 오수는 약 2,160t이에요."

"오, 그래. 예담이가 계산을 잘했구나."

그때, 은별이가 예담이를 불렀어요.

"예담아, 우리 밖에 나가자. 모레면 이곳을 떠날 텐데, 그럼 남극의 밤을 다신 볼 수 없잖아."

"좋아!"

국진 아저씨가 시간이 너무 늦었다고 말렸지만 예담이와 은별이는 막무가내로 숙소 밖으로 나갔어요. 어쩔 수 없이 국진 아저씨도 따라 나왔지요.

"은별아, 오늘은 유난히 밤이 더 밝은 거 같지 않니?"

예담이가 **두꺼운** 방한복에 얼굴을 파묻고 두 눈만 깜박이며 말했어요.

"그러게. 아저씨, 내일 꼭 우리 펭구한테 가요. 한국에 가기 전에 마지막으로 인사를 하고 싶어요."

은별이의 말에 국진 아저씨는 아무런 대꾸도 하지 않고, 고개를 돌려 기지 뒤쪽 언덕 너머의 하늘만 바라봤어요. 방금 전에 아저씨는 하늘에서 밝은 빛이 빠른 속도로 내려오는 걸 보았거든요. 국진 아저씨는 긴장한 얼굴로 빛이 내려온 언덕 너머를 계속 바라만 보았어요.

"아저씨 왜 그래요?"

은별이와 예담이는 국진 아저씨의 알 수 없는 행동에 고개를 갸우뚱했어요. 그리고 아저씨의 시선이 머무는 곳을 바라보았어요. 잠시 후, 빛이 내려온 언덕 너머에서 노랗고 반짝이는 빛이 하늘로 빠르게 올라가더니 이내 사라졌어요.

"어, 저 빛은 뭐예요?"

은별이와 예담이가 놀라며 빛이 사라진 곳을 가리켰어요.

"팽구가 자기 고향으로 돌아간 거 같아."

국진 아저씨의 말에 예담이와 은별이는 벌어진 입을 다물지 못했어요.

"그, 그게 무슨 말이에요? 팽구가 고향에 가다니요?"

"사실, 팽구는 펭귄이 아니야. 300년 전에 지구에 온 외계인이야. 그런데 사고로 혼자 지구에 남겨졌고, 그동안 고향인 우주에서 구조대가 오기만을 기다리고 있었어."

"말도 안 돼! 팽구는 펭귄이랑 똑같이 생겼잖아요!"

은별이가 어리둥절한 표정으로 고개를 가로저었어요.

"팽구가 살던 행성은 이곳 남극이나 북극처럼 날씨가 아주 추운 곳이었어. 그래서 팽구는 추운 곳을 찾아 남극과 북극에 계속 머물렀고, 그러자 남극에 살기 좋도록 몸이 자연스럽게 펭귄처럼 변한 거야. 사실은 며

칠 전에 팽구의 고향 별에서 연락이 와서 오늘 밤에 떠난다는 이야기를 들었어. 조금 전에 하늘에서 내려왔다 올라간 빛이 아마도 팽구를 데리러 우주에서 온 구조대였을 거야."

"전 못 믿겠어요. 내일 아침에 다시 팽구를 만나러 갈 거예요."

예담이는 아무 말없이 멍하니 하늘만 바라보았고, 은별이는 어느새 눈가에 눈물이 맺혔어요.

다음 날 아침 일찍 예담이와 은별이는 국진 아저씨와 함께 팽구를 만나러 펭귄들이 사는 해변으로 갔어요. 예담이와 은별이는 애타게 팽구를 찾았지만 어디에서도 팽구의 모습은 보이지 않았어요. 은별이와 예담이는 다시는 팽구를 볼 수 없다는 생각에 마음이 아팠어요. 하지만 팽구와의 추억을 영원히 마음속에 간직하리라고 생각했어요.

집으로 출발!

마지막 날, 예담이와 은별이는 기지 부둣가에서 세종 과학 기지 대장님과 대원들과 인사를 나누었어요.

"그동안 좋은 경험 했지? 너희들이 이곳에서 보고, 듣고, 경험하고, 느낀 걸 정리해서 멋진 보고서를 만들어야 해."

대장님이 **미소 띤** 얼굴로 예담이랑 은별이와 인사했어요.

"걱정 마세요. 초등학생 극지 연구 체험단의 명예를 걸고 최고의 보고서를 만들 거예요!"

은별이가 **씩씩하게** 대답했어요.

예담이와 은별이는 대원들과 인사를 마치고 국진 아저씨와 함께 보트에 올라탔어요. 한국으로 가는 길도 국진 아저씨가 동행하기로 했거든요. 보트는 부둣가에서 천천히 벗어나다가 어느새 속력이 붙어 차가운 남극 바다의 **물살을 가르며** 칠레 프레이 기지를 향해 갔어요.

"그런데 너희들, 정말 보고서 잘 쓸 자신 있지?"

국진 아저씨의 질문에 은별이가 기다렸다는 듯이 대답했어요.

"당연하죠. 팽구 이야기를 쓰면 정말 멋진 보고서가 될 거예요."

"안 돼! 팽구는 우리들만 아는 비밀이야. 다른 사람이 알면 안 돼!"

국진 아저씨는 당황해서 "안 돼!"라는 말을 계속 반복했어요.

"아저씨, 농담이에요, 농담. 히히! 팽구가 보고 싶어서 그랬어요."

은별이와 국진 아저씨가 농담을 주고받는 동안 예담이는 점점 멀어지는 세종 과학 기지를 보며 혼잣말을 했어요.

"정말 멋진 곳이었어. 나중에 어른이 돼서 꼭 극지방을 연구하는 연구원이 될 거야. 그래서 세종 과학 기지에 대원으로 다시 올 거야."

은별이도 예담이와 같은 생각을 하고 있었어요.

'열심히 노력해서 세종 과학 기지 대원이 돼서 다시 남극에 올 거야. 그때 팽구를 다시 만나면 좋겠다. 남극아! 또 만나자!'

6학년 2학기 수학 2. 비례식과 비례배분

바다 위로 드러난 빙산의 부분이 20m라면 바닷속에 잠긴 빙산의 부분은 몇 m일까?

빙산은 얼음덩어리이고, 얼음의 비중은 0.92이다. 바다 위로 드러난 빙산 20m는 전체 빙산의 8%이므로 다음과 같은 비례식을 세울 수 있다.

8% : 20m = 92% : 바닷속에 잠긴 빙산 부분

이 비례식을 풀면,

바닷속에 잠긴 빙산 부분 $= \frac{92(\%) \times 20(m)}{8(\%)} = \frac{1840}{8} = 230$이다.

따라서 바닷속에 잠긴 빙산의 부분은 230m이다.

4학년 1학기 수학 1. 큰 수

한 사람이 하루에 물 2L를 마신다면 우리나라 사람들이 1년 동안 마시는 물의 양은 몇 L일까?

우리나라의 인구는 약 5천만 명이다. 5천만 명이 하루에 물 2L씩을 마신다면, 50,000,000(명)×2(L) = 100,000,000(L)이다.

즉, 하루에 마시는 물의 양은 1억 L이다. 1년 동안 마시는 물의 양은 하루에 마시는 물의 양에 365일을 곱하여 구할 수 있다.

100,000,000(L)×365(일) = 36,500,000,000(L)으로 우리나라 사람들이 1년 동안 마시는 물의 양은 약 365억 L이다.

Q | 바닷물 깊이가 5,000m라면, 온도가 1℃ 올라갔을 때 해수면은 몇 cm 상승할까?

A | 물의 온도가 1℃ 올라가면 부피가 약 0.01% 팽창한다. 바닷물 깊이 5,000m의 0.01%는 5000(m)×0.01%로 구할 수 있다. 0.01%는 $\frac{1}{10000}$ 이므로

$5{,}000(\text{m})\times\frac{1}{10000}=\frac{5000}{10000}=0.5(\text{m})$이다.

0.5m는 50cm이므로 해수면은 50cm 상승한다.

그런데 물의 경우 4℃로 갈수록 부피가 점점 작아지다가 4℃에서 최소가 되고, 4℃가 지나면 다시 커진다. 그래서 4℃, 1기압의 물을 표준 물질로 취한다.

Q | 한 명의 대원이 하루에 200kg의 생활 오수를 만든다면 30명의 대원이 1년간 만드는 오수의 양은 얼마일까?

A | 대원 30명이 하루에 만드는 오수는 30(명)×200(kg) = 6,000(kg)이다.

1000kg은 1t이므로 6000kg은 6t으로, 하루에 만드는 오수의 양은 6t이다.

하루에 나오는 오수의 양에 365일을 곱하면 1년간 만드는 오수의 양을 구할 수 있다.

6(t)×365(일) = 2,190(t)으로, 30명의 대원이 1년간 만드는 오수의 양은 2,190t이다.

핵심 용어

강수량
비, 눈, 우박, 서리, 안개 등으로 일정 기간 동안 일정한 곳의 땅에 떨어져 내린 물의 총량.

그린란드
대서양과 북극해 사이에 있는 덴마크령의 세계에서 가장 큰 섬. 원주민은 대부분 에스키모 인이었으나, 오늘날에는 혼혈이나 소수의 유럽 인들이 살고 있음. 대부분의 지역이 빙설 기후이고, 기후 조건이 그나마 좋은 남서부에 대부분의 인구가 살고 있음.

극야
극지방에서 겨울철에 오랫동안 태양이 뜨지 않고 밤만 계속되는 현상. 북반구는 12월 22일 무렵부터, 남반구는 6월 21일 무렵부터 극야 현상이 일어남.

극지
남쪽과 북쪽 양 극지방을 가리키며, 북극권 또는 남극권과 같이 위도가 높은 지역을 가리킴.

남극 조약
1959년 10월 미국 워싱턴에서 아르헨티나, 오스트레일리아, 벨기에, 칠레, 프랑스, 일본, 뉴질랜드, 노르웨이, 남아프리카 공화국, 소련, 영국, 미국 12개국이 남극의 평화적 이용과 과학 연구의 자유 보장을 명시하고, 남극에 대한 기존 영토권 주장을 유예하도록 한 국제 조약.

백야
극지방에서 한여름에 태양이 지지 않고 낮이 계속되는 현상. 북반구에서는 6월 21일 무렵부터, 남반구에서는 12월 22일 무렵부터 백야 현상이 일어남.

블리자드
남극에서 산이나 고원을 덮은 얼음으로부터 불어오는 맹렬한 강풍. 우리말로는 '폭풍설'이라고 함.

비중
어떤 물질의 같은 부피에 대한 질량을 표준 물질과 비교한 상대적인 값. 표준 물질로는 고체 및 액체는 보통 4℃, 1기압의 물을 취하고, 기체는 보통 0℃, 1기압의 공기를 취함.

빙하
눈이 녹지 않고 오랫동안 쌓여 단단하게 굳어진 후 중력에 의해 낮은 곳으로 이동하는 두꺼운 얼음덩어리. 극지방이나 고산 지방에도 있음.

쇄빙선
바다 위로 배가 다니는 길을 개척하기 위에 물이 언 결빙 지역의 얼음을 부수는 기능을 하는 배.

압력
물체와 물체의 접촉면 사이에 작용하는 서로 수직으로 미는 힘.

유성
지구의 대기권으로 들어와 빛을 내며 떨어지는 작은 물체. 티끌이나 먼지 등이 대기권으로 들어오면서 대기와의 마찰로 불타는 현상임.

이누이트
알래스카 북쪽과 캐나다, 그린란드 등에 사는 사람들로 북극 원주민을 말하는데 흔히 에스키모라고 부름. 사는 지역과 식량 채취 방법에 따라 여러 부족으로 나뉨. 순록이나 물개, 물범 등을 사냥하거나 물고기를 먹고 살아감. 예전에는 한곳에 머물지 않고 이동하며 살았으나 현재는 정착해 살면서 가축을 길러 털과 가죽을 팔거나 일자리를 얻어 돈을 벌어 생활함.

자전축
남극과 북극을 직선으로 연결한 선을 말하며 자전축을 중심으로 지구는 하루에 한 번씩 돌고 있음.

지구본
'지구의'라고도 하며, 지구의 모습을 본떠 만든 모형임. 남북의 축을 23.5°로 기울여 자유롭게 회전할 수 있도록 장치한 둥근 통 위에 지구 표면의 바다와 육지, 산과 내, 경선과 위선, 지역 이름 등이 쓰여 있음.

지구 온난화
공기 중에 온실가스 농도가 높아져 지구의 온도가 점점 높아지는 현상. 석탄, 석유와 같은 화석 연료가 많이 쓰이면서 온실가스가 증가되어 빙하가 녹고, 해수면이 높아지는 등 환경 문제가 일어나고 있음.

태양의 고도
지평면과 태양의 높이를 각도로 나타낸 것. 태양의 고도는 해가 뜬 후 점점 높아져 낮 12시에 가장 높고, 낮 12시가 지나면 다시 낮아짐.

툰드라
극지방이나 고산 지대의 평평하고 완만한 땅. 연중 대부분은 눈과 얼음으로 덮여 있음. 나무가 없고, 가장 따뜻한 날도 기온이 10℃ 이하임. 여름철 두 달 동안만 이끼류나 풀이 자람.

플랑크톤
스스로 운동할 수 있는 능력이 없거나 아주 미약하게 이동 능력이 있는 생물로 부유 생물이라고도 함. 식물성 플랑크톤과 동물성 플랑크톤으로 나뉨. 식물성 플랑크톤은 동물성 플랑크톤을 비롯한 수많은 수중 생물의 기본적인 먹잇감이 되어 수중 생태계의 중요한 역할을 함.

항해술
배가 바다 위를 잘 다닐 수 있도록 정확한 방향과 정확한 위치를 알 수 있게 해 주는 기술.

일러두기

1. 띄어쓰기는 국립국어원에서 펴낸 「표준국어대사전」을 기준으로 삼았습니다.
2. 외국 인명, 지명은 국립국어원의 「외래어 표기 용례집」을 따랐습니다.